U0150667

山东省重大科技创新工程项目（2019JZZY020113）电气系统用高性能特种电缆智能制造项目

大数据技术及其应用研究

周 军 刘 俊 皇攀凌 著

山东大学出版社

SHANDONG UNIVERSITY PRESS

·济南·

图书在版编目(CIP)数据

大数据技术及其应用研究/周军,刘俊,皇攀凌著
.—济南:山东大学出版社,2022.10
ISBN 978-7-5607-7787-0

Ⅰ.①大… Ⅱ.①周… ②刘… ③皇… Ⅲ.①数据处
理 Ⅳ.①TP274

中国国家版本馆 CIP 数据核字(2023)第 027267 号

责任编辑　宋亚卿
封面设计　王秋忆

大数据技术及其应用研究
DASHUJU JISHU JI QI YINGYONG YANJIU

出版发行	山东大学出版社
社　　址	山东省济南市山大南路 20 号
邮政编码	250100
发行热线	(0531)88363008
经　　销	新华书店
印　　刷	山东和平商务有限公司
规　　格	720 毫米×1000 毫米　1/16
	10.75 印张　157 千字
版　　次	2022 年 10 月第 1 版
印　　次	2022 年 10 月第 1 次印刷
定　　价	40.00 元

前　言

随着工业 4.0 时代的到来,大数据在工业领域的应用越来越广泛。在产业数字化和工业互联网的背景下,未来将会有多种产业需要大数据的支持。机器学习作为人工智能的核心、大数据的基石,其对大数据的应用有着两个层面的影响:第一,可以帮助用户理解更多的事物,从而提升用户体验;第二,可以为基于用户的协作、交互提供更便捷的途径,更好地促进大数据技术的发展。机器学习在工业大数据中也将扮演越来越重要的角色,其将帮助多种工业产业的从业人员收集各种数据信息并提供有效的预测、检测和决策分析方法,从而推动大数据技术在工业领域的应用。

本书适用于大数据初学者,笔者力求做到通俗实用,内容浅显易懂。读者不需要太多的专业知识,也能很容易理解书中的内容。为了使读者通过本书更好地了解大数据在工业领域的应用,笔者在书中还给出了大数据在电线电缆、视觉识别和中药生产中的实际应用。希望读者在阅读本书后,能够对大数据及其应用有所了解,有所收获。

全书共分为六章。其中,第 1 章主要介绍了大数据的概念、价值、发展历程、技术分析、应用及治理体系等相关内容;第 2 章主要介绍了机器学习的基础知识以及常见的算法;第 3 章以电缆生产中的数据应用为案例,介绍了使用机器学习算法对电缆线径进行检测的过程;第 4 章以计算机视觉在物体检测中的应用为例,介绍了大数据在视觉识别中的应用;第

5章以中药有效成分含量的检测为例,介绍了大数据挖掘技术在中药生产中的应用;第6章对大数据的未来发展进行了展望。

　　本书试图将大数据及其应用以通俗易懂的方式展示给读者,但限于作者的能力和学识水平,书中定会存在不尽如人意的地方,疏漏或差错也在所难免,敬请各位专家、学者和广大读者批评指正。

作　者

2022 年 8 月

目　录

第1章　大数据概述

1.1　大数据的概念与价值

1.1.1　大数据的定义

目前,互联网、智能手机、智能传感器等被广泛地应用于公司运营和个人的日常生活中。许多公司通过网络进行产品宣传与销售,通过智能手机后台数据判断消费者的喜好,通过特定的传感器记录机器的性能。个人通过台式机、笔记本电脑、平板电脑和智能手机在网上购买产品、分享意见、与朋友聊天或查看去某地的路线。此外,安置在城市道路旁边以及超市等公共场所的传感器,每天都在记录市民的行为和活动情况。所有这些会产生大量关于企业和个人的新鲜数据,通过对这些数据进行适当的分析,可以揭示事物的发展趋势,监控经济、工业和社会行为。这些数据不仅是大量的,而且是不断更新的,同时来源广泛。据研究,全球每天生成的数据大约为 2.5 EB。通常称这些数据为"大数据"。

随着大数据时代的来临,"大数据"成为了近年来受关注较高且使用非常频繁的一个词。然而,大数据作为一个相对较新的概念,对其含义真正了解的人还很少。目前已有的对大数据的定义很多是基于大数据的特征给出的。互联网数据中心(Internet data center,IDC)将大数据定义为满足"4V"(variety、velocity、volume、value,即种类多、流量大、容量大、价值高)指标的数据。其对大数据技术的定位为:通过高速捕捉、发现和(或)分析,从大容量数据中获取价值的一种新的技术架构。全球知名咨询公司麦肯锡在其研究报告《大数据:下一个创新、竞争和生产力的前沿》中给出的大数据定义如下:大数据是指大小超出常规的数据库工具获取、存储、管理和分析能力的数据集。维基百科提供的大数据的定义如下:大数据是指无法在一定时间内用常规软件工具对其内容进行抓取、管理和处理的数据集合[1]。

我国学者对大数据概念的理解也各不相同,其中比较有代表性和权威性的观点如下:

邬贺铨院士认为:"大数据泛指巨量的数据集,因可从中挖掘出有价值的信息而受到重视。"[2]李德毅院士则说:"大数据本身既不是科学,也不是技术。它反映的是网络时代的一种客观存在,各行各业的大数据,规模从 TB 到 PB 到 EB 到 ZB,都是以三个数量级的阶梯迅速增长,是用传统工具难以认知的,具有更大挑战的数据。"[3]而李国杰院士则引用了维基百科的定义,他认为:"大数据具有数据量大、种类多和速度快等特点,涉及互联网、经济、生物、医学、天文、气象、物理等众多领域。"[4]我国最早介入大数据普及的学者涂子沛将大数据定义为:"大数据是指那些大小已经超出了传统意义上的尺度,一般的软件工具难以捕捉、存储、管理和分析的数据。"[5]

由以上内容可以看出,虽然目前对于大数据还没有统一的定义,但基本上都从数据规模、处理工具、利用价值三个方面来进行定义:①大数据属于数据的集合,其规模特别巨大;②大数据用一般数据工具难以处理,因而必须引入数据挖掘新工具;③大数据具有重大的经济、社会价值。[1]

根据大数据产生的方式和使用的人群,可将其分为消费大数据和工业大数据。消费大数据是人们在日常生活中产生的一般公共数据,包括手机软件(App)注册信息、网页浏览记录、商品购买记录等。目前,各大互联网公司都在积累和争夺数据,因为有数据才会有盈利。例如,脸书(Facebook)推出了基于人际数据库的图谱搜索引擎(Graph Search);谷歌(Google)依托全球最大的网页数据库,充分发掘数据资产的潜在价值;中国最大的两家电商企业阿里巴巴集团和京东也在不断地进行"数据战",利用数据来评估对手的战略发展趋势和推广策略。阿里巴巴集团的创始人马云曾经说过:"未来是大数据的时代。"从马云的话中我们也能明显地感觉到大数据技术对阿里巴巴集团的重要性。在工业大数据方面,国内外许多传统制造业企业利用大数据技术成功地实现了由传统生产到数字化生产的转型。这表明,大数据技术已经不单单只应用于计算机领域,传统工业也将依托大数据技术实现智能化制造,因此将大数据与工业技术进行融合创新显得尤为重要[6]。

1.1.2　大数据的价值

大数据对于目前的各行各业来讲,其价值是不可估量的。对于许多行业来说,赢得竞争的关键是如何从海量的数据中获得对自己有用的信息。

根据分析,大数据的价值主要体现在以下几个方面:

(1)向大量消费者提供产品或服务的企业可以使用大数据进行精准营销,如电商企业。

(2)"小而美"模式的中小企业可以利用大数据进行服务转型,如开发小型 App。

(3)在互联网的压力下被迫转型的传统企业可以利用大数据实现智能制造、数字制造。

大数据为人类探索自然客观规律、改造自然和社会提供了全新的思维方式和手段,这也是大数据引发经济和社会变革、人们生产和生活方式改变的最根本原因。大数据的价值本质体现在它为人类理解复杂系统提供了新的思路和手段。起源于互联网的"数据大爆炸"正在改变着经济和社会框架内的互动方式,互联网的发展势不可挡。无数的个人和公司每天都在通过互联网搜索、发布和生成大量的信息。这些在线活动留下的数字足迹可以描述人们的行为、决定和意图,从而帮助监测关键的经济和社会变化趋势。互联网作为解释、模拟和预测社会行为的数据提供者的作用越来越大,这是大数据带给我们的可以更深层次地去理解问题、解决问题的能力。

大数据技术解决了传统技术在面临大数据时会出现的单点故障和机器性能问题。单点故障一般采用"冗余"的解决方案来解决,比如做一个或几个备份,一台机器出现了故障就切换到另一台,但始终只有一个任务运行在一台机器上。这时机器的物理性能就成了瓶颈,需要不断地提高机器的性能。但目前一台机器的性能是有限的,不可能处理所有的任务,并且容错率很低。如果一个任务在一台机器上运行失败了,则需要在另一台机器上重新运行。由于高性能的机器价格昂贵,一般企业难以承受,所以现有的大数据技术是采用"分而治之"的思想,将一个任务或一份文件拆成多个子任务或多个小文件,利用多台普通服务器进行处理。就好比一头能拉 1 吨重物的牛找不到,但可以找 10 头普通的牛来拉这些重物,并且这些普通的牛会越来越便宜。

1.1.3　大数据思维

在大数据时代,人们对待数据的思维方式最显著的变化如下:①处理的数据从样本数据变成了总体数据;②开始接受数据的混杂性;③开始追求数据之间的相关性。学者们也从不同的角度分析了大数据的思维特征:有学者将大数据的思维特征概括为完整性、动态性和相关性,也有学者将大数据的思维特征概括为整体性和涌现性、多样性和非线性、相关性和不确定性,还有的学者将大数据的思维特征概括为混杂性、多样性和动态性。随着大数据技术的不断发展,大数据系统将可以智能地搜索所有相关的数据信息,类似于人脑可以主动、逻辑地分析数据并作出判断、提供意见,即具有人类的智能思维能力,这也是大数据思维的核心。因此,大数据思维可以被概括为整体思维、容错思维、关联思维和智能思维。

数据科学家维克托·迈尔-舍恩伯格(Viktor Mayer-Schönberger)和肯尼思·库克耶(Kenneth Cukier)认为:所谓大数据思维,是指一种意识,认为公开的数据一旦处理得当,就可以为数百万人需要解决的问题提供答案[7]。王建华认为:所谓大数据思维,是用大数据思想文化去思考、解决问题的一种方法。大数据思想文化也就是用大数据去反映事物发展过程的环节、要素等,在此基础上通过建立多种模型加以控制,以达到精准解决各类问题的目的[8]。黄欣荣则将大数据思维概括为:人们迅速以数据的眼光来观察、理解、解释这个纷繁复杂的世界[9]。张维明和唐九阳则认为:大数据思维是基于多源异构和跨域关联的海量数据分析产生的数据价值挖掘思维,进而引发人类对生产和生活方式乃至社会运行的重新审视[10]。

　　大数据思维强调完整性,需要采取整体的视角,这与传统思维强调个性化的一些代表性数据截然不同。从部分到整体,也就是从要素到体系,使大数据思维的思维方式更加系统化。传统思维的抽样调查分析的仅是有代表性的"部分"数据。大数据思维强调每一个数据都要经过分析,并且整体是有价值的。个性化的小数据需要有典型性、具体化,每个数据都必须符合要求,并按照一定的标准统一,而非标准数据将被淘汰。在计算机的数据结构中,将这些标准化的数据称为"结构化数据"。在大数据时代,数据源都是复杂、快速、大容量的,并且没有统一的标准,但每一个数据都有其存在的理由。大数据思维也反映了德国哲学家黑格尔的思想:存在都是合理的。存在的一切数据有其存在的理由,也有其合理性。这不可避免地会导致少量数据错误,因此绝对的准确不再是大数据时代的目标,而适当忽略微观层面的准确度,反而可以让我们在宏观层面拥有更好的洞察力。

　　从个性化小数据时代的因果关系到大数据时代的相关性来看,数据不再刻意追求"为什么",而只关心"什么"。在个性化小数据时代,因为数据较少,且数据之间的关系基本上是线性的,简单的处理工具和手段即可处理,因此因果关系尤为重要。在大数据时代,用线性化手段分析大量数据几乎是不可能的。大数据思维采用新的视角来预测事情发生的可能性,打破了个性化小数据时代的因果思维模式。

1.2 大数据的发展历程

1.2.1 大数据的昨天

从文明初期的"结绳记事",到文字发明后的"文以载道",再到近现代科学的"数据建模",记录数据的方式一直随着人类社会的发展和变化而变化。由人类记录数据的方式,我们能够看出人类的智慧进步以及数据记录的重要作用。新兴的大数据技术的出现,为人类的经济和社会发展提供了更加智能的计算方法,使人类能够更好地利用大数据。大数据及其技术在经济和社会发展各方面的应用,使数据成为继物质、能源之后的又一重要战略资源[11]。

信息技术的出现已经有 70 多年的历史,其先后经历了几次大的发展过程。首先是 20 世纪 60—70 年代的大型机浪潮,此时的计算机体型庞大,运算能力也不高。1980 年以后,随着电子技术和集成电路技术的不断发展,计算机芯片不断小型化,微型机浪潮兴起,台式计算机成为主流。20 世纪末,随着互联网的兴起和网络技术的快速发展,越来越多的人能够访问和加入网络,并在网络上留下自己的数据痕迹。近年来,随着智能手机的兴起和更新换代,全球使用互联网的人数急剧增加,我们生活的方方面面都被各式各样的数据信息包围。这些所谓的"数据信息"就是我们通常所说的"大数据"。个人留下的数据痕迹使可供社会和经济发展分析使用的数据量呈指数型增长,这增加了除了通过调查和官方记录等获得的传统数据来进行社会和经济研究的可能性。这些新数据产生的原因有很多种,且在某种程度上,数据的使用要受到其生成方式的限制。这一事实促使人们根据用户生成数据的目的对新生的非传统社会和经济数据来源进行审查和分类。我们看到,近年来,智能手机的不断更新迭代和各种 App 的出现是大数据迅速增长的重要因素[12]。

大数据于 2012—2013 年达到其发展和热度的巅峰,2014 年后其概念体系逐渐形成,人们也逐渐开始了解什么是大数据。随着与大数据相关的标准、技术以及 App 的不断发展,由数据资源和应用程序接口、开源平台和数据基础设施、数据分析和数据应用组成的大数据生态系统逐步形成,并得到了不断的发展。它的发展热点表现为从技术到应用再到治理的逐步过渡[6]。

随着计算机技术的不断发展,计算机的存储能力逐渐提升,各种优化算法也越来越多且有越来越多的人去学习,这促使近年来大数据的发展越来越快。计算机硬件性能的不断完善、网络带宽的不断提升和存储设备成本的不断降低,为大数据的存储和分析提供了底层基础。互联网领域的公司最早看到数据资产的价值,如阿里巴巴集团、京东等国内知名企业率先从大数据中获利,引领了国内大数据发展的趋势。此外,云计算为大数据的集中管理和分布式访问提供了存储空间和共享通道;物联网和移动终端也在不断产生大量的数据,这些数据类型多样、内容新鲜,是大数据的重要来源。

图 1.1 清晰地展现了 2004—2020 年网络上数据量的增长速度。由图可以看出,进入 2010 年后,数据量增长速度加快,2020 年更是增长至 35 000 EB。数据量越来越多,其中隐藏的经济效益和研究价值也越来越大。

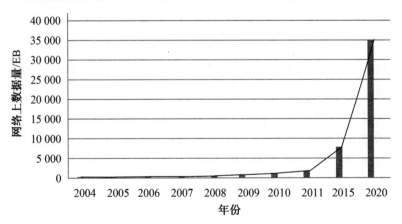

图 1.1　2004—2020 年网络上数据量变化趋势

1.2.2 大数据的今天

当前,全球大数据技术正进入加速发展时期,技术产业发展和应用创新不断迈上新台阶。全球范围内,研究发展大数据技术,运用大数据推动经济发展、完善社会治理、提升政府服务和监管能力正成为新的发展趋势。大数据可以通过数字化丰富要素供给,通过网络化扩展组织边界,通过智能化提高产出效率。它不仅是推进网络强国建设的重要领域,也是新时代加快实体经济质量变革、效率变革和动力变革的重要支撑[11]。

1.2.2.1 国内大数据的发展态势

我国政府、科研部门也针对大数据技术进行了相应的理论和实践研究。随着我国与大数据相关的产业和企业越来越多,各种产业体系也在不断完善,我国的大数据技术正逐渐走向成熟。

我国于 2014 年首次将大数据写入政府工作报告,这标志着我国进入大数据建设初级阶段。对于随后出现的大数据革命,我国作出了非常及时的战略响应。2015 年 7 月 1 日,国务院办公厅发布了《关于运用大数据加强对市场主体服务和监管的若干意见》;7 月 4 日,国务院发布了《关于积极推进"互联网＋"行动的指导意见》;9 月 5 日,国务院发布了《促进大数据发展行动纲要》。这几份重磅文件的密集出台,标志着我国大数据战略部署和顶层设计正式确立。其中,《促进大数据发展行动纲要》指出,信息技术与经济社会的交汇融合引发了数据迅猛增长,数据已成为国家基础性战略资源,大数据正日益对全球生产、流通、分配、消费活动以及竞技运行机制、社会生活方式和国家治理能力产生重要影响。随着大数据建设的逐步开展,国家也着手加快大数据的规划布局。截至 2022 年,我国已建成三大国家级大数据中心基地,其中中心基地在北京市的天竺综合保税区,南方基地在贵州省的贵安新区,北方基地在内蒙古自治区的乌兰察布市。

2017 年 10 月,党的十九大报告指出,要推进大数据与实体经济的深度融合,这为现在正在发展的工业大数据指明了方向。中国特色社会主义进入新时代,实现中华民族伟大复兴的中国梦开启新征程。党中央决定实施国家大数据战略,吹响了加快发展数字经济、建设数字中国的号角。2017 年 12 月,习近平总书记在十九届中共中央政治局第二次集体学习时的重要讲话中指出,大数据是信息化发展的新阶段,并作出了要推动大数据技术产业创新发展、构建以数据为关键要素的数字经济、运用大数据提升国家治理现代化水平、运用大数据促进保障和改善民生、切实保障国家数据安全的战略部署,为我国构筑大数据时代国家综合竞争新优势指明了方向。2019 年 3 月的政府工作报告中也同样提到了大数据。2020 年,大数据正式成为生产要素,其国家战略地位不断提升。同年,中共中央、国务院发布了《关于构建更加完善的要素市场化配置体制机制的意见》,将大数据与土地、劳动力、资本、技术等生产要素并列,提出"加快培育数据要素市场",这标志着以市场为导向的数据要素分配作为国家战略的兴起,将进一步完善中国的现代治理体系,对未来的经济和社会发展将产生深远的影响。

"数据兴国""数据治国"已成为国家战略,并将成为中国在未来很长一段时间内的国策。未来,国内外的各行各业中都将会有大数据的身影,各行各业也会因为有了大数据的融入而在发展上更上一个台阶。在以后的科技发展中,大数据将会起到越来越重要、越来越核心的作用。

从 2011 年开始,关于大数据的论文数量开始明显增加,并呈指数型增长。大数据论文数量的增长表明了学者们对大数据的关注和所做的努力。学术界对大数据的关注度越大,大数据技术的发展就越快,相关发现和成果也会越多。对大数据相关职业和人才的需求预示着大数据的发展前景一片光明[13]。

1.2.2.2　国外大数据的发展态势

2013 年被称为"大数据元年",这一年是多个国家的大数据计划全面启动的一年。2012 年 3 月,美国白宫科技政策办公室发布了《大数据研究和发展计划》,并宣布投资 2 亿多美元大力推进大数据的收集、访问、组织和开发利用等相关技术的发展,进而提高从海量数据中提炼信息和获取知识的能力及水平。这标志着美国已发现大数据对未来发展的重要作用，从而优先将大数据提升到了国家战略层面。2011—2016年，美国在大数据上的投资近200亿美元。这些投资为美国大数据的发展提供了资金保障，是大数据发展的强大动力。同时，美国对于推进建设数据中心也有着良好的战略布局。例如，位于美国科罗拉多州山区的科罗拉多斯普林斯市人口稀少并且离其他城市遥远，当地没有顶级名校、大型企业总部和研发中心等，但由于具有税收优惠、廉价的电费、对数据中心友好的商业氛围、自然灾害少以及凉爽的气候条件等优势，而成了美国数据中心的集散地。

英国于2013年1月宣布注资1.89亿英镑用来发展大数据技术。同年8月，英国政府在《英国农业技术战略》中指出，对农业技术的投资将集中在大数据上。2014年，英国又投入7 300万英镑用于发展大数据技术。2017年，大数据技术为英国提供了5.8万个新的工作岗位，并直接或间接带来2 160亿英镑的经济增长。

法国在2012年2月发布的《数字化路线图》中提出大力支持大数据的发展。同年4月，法国投入1 150万欧元用于支持7个未来投资项目，进而促进了法国在大数据领域的发展。

日本于2013年6月公布了以发展开放公共数据和大数据为核心的"日本新信息技术国家战略"。

澳大利亚也于2013年8月发布了公共服务大数据战略，旨在推动公共行业利用大数据分析进行服务改革，制定更好的公共政策，从而使澳大利亚在该领域跻身全球领先水平。

除此之外，德国、俄罗斯、韩国等国家也在大力发展信息技术产业，并通过宽带建设和制定数据保护法案为大数据的发展提供前提条件。

1.3　大数据技术分析

随着科学技术的发展，大数据相关技术逐渐成熟，数据存储成本也越来越低。大数据技术涉及的知识面广，体系复杂。一般来说，学习大数据技术需要学习数据采集、机器学习、数据库的增删改查、并行计算、数据处理等各种技术。

大数据技术是随着目前的大环境所出现的各种数据而产生的。在当今的数据爆炸时代，面对大量的、多种类型的、更新换代快的数据，我们要做的是提高对数据处理技术的要求，提升计算机的运行速度和性能，以便提升数据处理的效率，因此，出现了大规模并行处理（massively parallel processing，MPP）的分布式计算架构；面向海量网页内容及日志等非结构化数据，出现了基于 Apache Hadoop 和 Spark 生态体系的分布式批处理计算框架；面向对于时效性数据进行实时计算反馈的需求，出现了 Apache Storm、Flink 和 Spark Streaming 等分布式流处理计算框架。

1.3.1　大数据平台架构

近几年，大数据平台架构逐渐呈现出成熟的发展态势。大数据平台架构产生之初的主要目的是解决数据处理时存储容量不足的问题，因为那时的存储介质十分昂贵，需要有足够大的空间来存储所要进行数据分析的数据；而近年来，对于大数据的处理主要解决的问题是如何进行分布式计算。适用于大数据的处理技术包括大规模并行处理数据库、数据挖掘、分布式文件系统（distributed file system，DFS）、云计算平台、分布式数据库、互联网和可以扩展的存储系统。大数据平台架构的设计应该考虑如下问题：可扩展性、数据可用性、数据完整性、数据转换、数据质量、数据来源（与正确元数据的生成有关，该元数据识别数据来源以及在数据生命周期中应用于它们的过程，以确保可追溯性）、海量信息的管理、数据异质性（结构化和非结构化，具有不同的时间频率）、不同来源的数据集成、数据匹配、偏差、数据分析工具的可用性、处理复杂性、隐私和法律问题以及数据治理等。

大数据计算通过将可执行代码送到大规模的服务器集群中进行分布式计算，从而对大数据进行处理，但是这样的计算方法效率较低，即使只是对于一个小数据集来说，MapReduce（映射-规约）也可能需要几分钟，而 Spark 至少需要几秒钟。但是网站需要毫秒级的响应时间来处理用户请求，前述的大数据计算方法必然不能满足这样的响应要求；此外，网站应用还需要通过大数据来实现数据挖掘、数据分析等功能。因此，我们要搭建大数据平台架构，将大数据导入数据库，通过机器学习算法等进行处理，然后输出数据分析结果。

一个典型的网站大数据平台架构如图 1.2 所示。

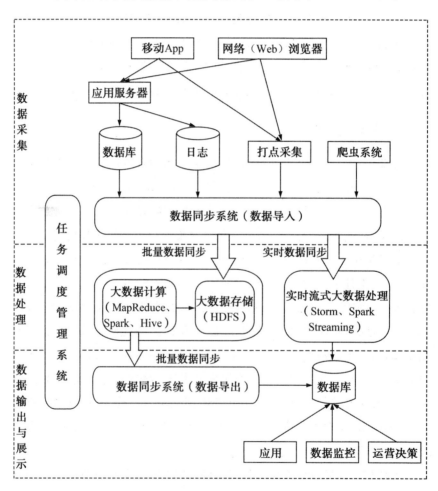

图 1.2　一个典型的大数据平台架构

　　由图 1.2 可知,该平台架构分为三个部分:第一部分是数据采集,主要是将从不同来源获取的数据导入数据库,将日志、打点采集和爬虫系统生成的数据通过数据同步系统进行数据导入,对数据进行存储和管理。

　　第二部分是数据处理,它是大数据存储和计算的核心。从数据同步系统导入的数据存储在 Hadoop 分布式文件存储系统(HDFS)中。MapReduce、Hive、Spark 等计算任务读取 HDFS 上的数据进行计算,然后将计算结果写入 HDFS。

　　由 MapReduce、Hive、Spark 等进行的计算称为"脱机计算",存储在 HDFS 中的数据称为"脱机数据"。而用户需要实时计算的数据称为"在线数据",这些数据由用户实时生成,通过实时在线计算后将结果实时返回给用户。在这个计算过程中涉及的数据主要是用户一次请求和需要的数据,数据规模非常小。在线数据与用户完成交互后,通过数据同步系统导入大数据系统,这些数据称为"离线数据"。

　　第三部分是数据输出与展示。在这一部分,主要进行数据分析和处理,并将数据上传到数据库中,且只能创建实体级别的派生数据。也就是说,如果原始程序提供行,那么只有来自每一行的数据可以用来生成新特性;如果提供文档,那么只能使用文档内容来生成描述文档的变量。导出的数据,其计算需要分析的几个实体应该在数据分析模块中生成。当生成新数据的计算工作量很大时,这些实体应该具有持久性,以便在后续的数据集成中重复使用它们[14]。

1.3.2　大数据与机器学习

　　当下是大数据飞速发展的时代,我们生活的各个领域时时刻刻都在产生着数据,成千上万的数据被打上了自己的识别码,生成了只属于自己的数据集。这些数据集可以被用于做很多事情,比如:某企业的大数据信息可以被用来分析该企业当下的运营情况,也可以被用来分析该企业未来的发展方向;金融机构可以通过大数据信息分析股市情况或者哪家企业的理财产品收益较高等。

　　如今,随着计算能力的飞速发展,尤其是机器学习的发展,使得海量数据能够得到快速处理,从而产生实际的价值。机器学习使数据呈现数据流状态,而不是只存储在硬盘中。机器学习还可以使大数据的预测更加准确,目前比较盛行的短视频软件,就是通过收集用户的浏览信息从而实现精准推送。

　　机器学习的任务就是对海量的数据进行深层次的挖掘,得到其中隐藏的深层信息,并将这些信息进行处理后使用。机器学习的优势会随着数据规模的扩大而变得更加明显,因为数据量越大,人工处理的难度就越大;同时,通过给机器学习提供大数据,能够使大数据的价值得到充分体现,如实现人脸识别、股市预测以及信息精准推送等。

　　人们使用大数据的目的是挖掘数据背后隐藏的信息和价值,从而使大数据转变为知识或者生产力,促进社会的发展,而机器学习是实现这一目的的关键技术。随着数据量的增加,通过机器学习得到的信息和预测也越来越准确。

　　我们在处理大数据时会用到各种各样的算法,而其中的部分算法就是机器学习的一部分。机器学习是利用和处理大数据的关键技术,而大数据的核心是利用数据的价值。要想从现有数据中获取有用的信息,就需要利用机器学习的知识。因此,机器学习和大数据相互依存。如图1.3所示,机器学习属于人工智能(AI)的范畴,深度学习又属于机器学习的范畴,机器学习、深度学习与大数据之间有着密不可分的联系。

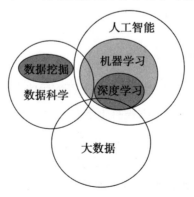

图1.3　大数据、人工智能和数据科学的关系

1.3.3　数据分析

　　大数据是无法在一定时间范围内用常规软件进行捕捉、管理和处理的数据集合，是需要新处理模式才能具有更强的决策力、洞察发现力和流程优化能力的海量、高增长率和多样化的信息资产。而大数据技术则是通过运用云计算等技术对大数据进行采集、存取、储存等，再将计算结果进行图视化展示[15]。所以，为了让得到的数据集合发挥它应有的作用，我们就需要采用合适的工具和方法对其进行处理，以达到我们最初采集数据的目的。由此，诞生了一门名叫"数据分析"（也叫"统计分析方法"）的学科。数据分析是有组织、有目的地收集数据、分析数据，使之成为人们可以利用的信息的过程。数据在被分析前大都是杂乱无章、没有规律的，人们无法看出其内在的信息，也无法通过它们得出什么结论。整理分析可以使数据的特性或者具有代表意义的数据突显出来，而这对于所要研究的对象或者事物有着至关重要的作用。所以做好数据分析工作是下一步工作顺利进行的前提，也是得出所研究对象或者事物内在规律的保证[16]。

　　大数据分析主要是利用各种类型的全量数据（不是抽样数据），设计统计方案，得到兼具细致和置信的统计结论，而数据分析只能解决一些相对简单的现实问题（见图 1.4）。大数据一般以拍字节（PB）为单位进行衡量。由于对大数据集合的处理属于比较复杂的问题，因此我们需要使用机器学习的方法，借助计算机，通过抽象模型等，将复杂问题与机器学习的各种模型算法相对应，通过深度学习等方式，使计算机能够自主地对大数据集合进行处理，并将结果可视化。因此，大数据分析是机器学习最重要的应用之一。

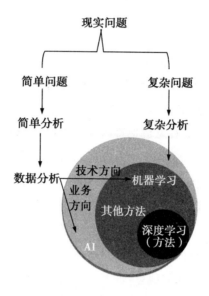

图 1.4　数据分析和机器学习的关系

1.4　大数据的应用及治理体系

1.4.1　大数据的应用

导航 App 如何实时预知当前路况并作出最合理的路程优化？地质研究所如何准确预测地壳变动，从而达到在地震来临前提前发出预警的目的？如何在以后的城市化建设中使用大数据技术来打造智能化城市？以上这些问题的解决都需要大数据的参与。科研工作者在收集、分析、提取数据并得出最后结论的整个过程中都会用到大数据。

大数据可用于医疗卫生、教育、管理和后勤等各个领域。大数据系统能够对数据进行动态分析。但同时，处理大数据的机构会面临管理、安全等方面的挑战，且会出现捕获、分析、存储、搜索、共享、可视化、转移和侵犯隐私等方面的问题。

产业需要变革,且需要相互融合。所谓"大数据+",就是将大数据技术嫁接到各行各业和各个领域,推动大数据在各行各业的应用。大数据技术起初只应用于互联网行业,随着社会的进步和科技的发展,才逐渐被应用于其他各行各业。例如,金融行业通过大数据预测股票的走势,医疗行业通过大数据进行病情判定和医药研制,政府部门通过大数据进行民意调查和战略决策,等等。根据大数据企业的业务标签,中国信息通信研究院将我国所有涉及大数据应用的企业进行了统计整理,结果如图 1.5 所示。由图可以看出,金融、医疗健康、政务是大数据应用最主要的行业类型,其次是互联网、教育、交通运输、电子商务等行业[17]。

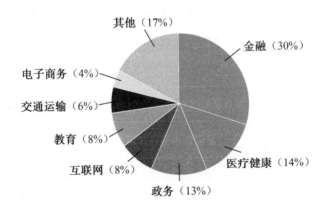

图 1.5　我国的大数据应用行业分布

根据知名数据库排名网站——数据库引擎(DB-Engines)的分析,各种数据库的关注热度均在逐年提高,其中图数据库一直是受到最多关注的数据库类型,遥遥领先于其他类型的数据库,而且关注热度仍在持续攀升(见图1.6)。

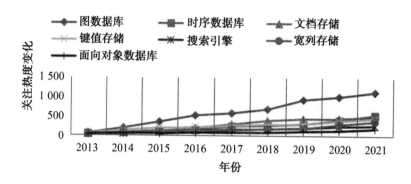

图 1.6　数据库领域关注热度变化态势

下面,笔者从工业大数据、医疗大数据、城市传感器和移动传感器以及交通大数据四个方面举例说明大数据在我们生活中各方面的应用。

1.4.1.1　工业大数据

2020 年年初,工业和信息化部印发了《工业数据分级分类指南(试行)》(工信厅信发〔2020〕6 号),用来指导企业如何通过大数据技术提升对工业大数据的管理、使用和共享能力,从而达到智能制造、高质量发展的目标。2020 年 4 月,工业和信息化部印发了《工业和信息化部关于工业大数据发展的指导意见》(工信部信发〔2020〕67 号),从加快数据汇聚、推动数据共享、深化数据应用、完善数据治理、强化数据安全、促进产业发展六个方面全盘布局,系统推进,对我国目前工业大数据的发展特点、存在的主要问题和亟待取得突破的重点领域精准施策,为工业大数据落地提供了良好的政策环境,推动了工业大数据的有序发展。

以电线电缆制造业为例,该行业仍属于劳动密集型产业。电线电缆产品有多种型号和规格,生产和加工工艺烦琐,实现自动化、智能化、信息化(简称"三化")是必然的发展趋势。实现智能制造、数字化制造,提高生产效率和产品质量,是国内外均比较关注的热点问题。

传统的计划式电缆检修方法虽然能够显著降低电缆故障率,但存在着诸如维修不足或维修过剩、盲目维修等问题。在工业 4.0 时代,传统制造业面临着全球产业结构调整带来的机遇和挑战。随着中国制造业的低成本优势不再,提高生产效率以及产品的质量和可靠性,从"制造"向"智造"转变,提高管理流程和生产流程的智能化水平,已成为企业发展的关键。

1.4.1.2　医疗大数据

除了互联网公司较早开始使用大数据分析技术外,医疗保健领域也是较早使用大数据技术来实现高效发展的传统行业之一。在医疗保健领域,科研人员基于医学界使用大数据系统的最佳实践经验,创建了一个完整而实用的大数据分析平台。该平台架构包括五层:第一层是数据层,包括用于支持运营和解决问题的数据源;第二层是数据汇聚层,负责数据的获取、转换和存储;第三层是分析层,负责分析数据;第四层是信息勘探层,通过对潜在医疗风险进行实时监测,从而为临床决策提供输出;第五层是数据治理层,通过应用适当的信息安全和隐私保护策略,在数据全生命周期中管理业务数据。鉴于临床资料的隐秘性,第五层很有必要。医疗数据库中收录有以往患者的发病特征、治疗报告等信息。当医生为就诊患者制订治疗方案时,可以根据患者当前的发病特点,并参考疾病数据库中的相似病例,使患者及时接受治疗。这些数据还可以帮助制药行业研发出更有效的药物和医疗设备。未来大数据将在医学领域发挥更大的作用[12]。

1.4.1.3　城市传感器和移动传感器

普适计算是数字时代背景下发展最快的技术领域之一,其促使无线、无污染和费用较低的传感器得以产生并用于收集人们日常生活中的信息。具体而言,城市传感器和移动嵌入式传感器是社会和经济数据的潜在来源。

在城市传感器中,信用卡、读卡器中的传感器是世界范围内应用最广泛的传感器之一。信用卡公司通过信用卡交易时的信息记录提供的潜在数据,可以检测出持卡人是否已破产以及持卡人在网购时所存在的违约与欺诈行为等,从而更好地确定其下一步营销战略。

零售扫描仪是目前使用非常广泛的一种输入设备,其中传感器的主要作用是记录客户购买东西的特征和客户的喜好。这些数据对于预测消费者的购买喜好和购买力非常有用。此外,利用零售扫描仪获得的数据对某产品的市场趋势、销售价格和销售额进行建模,可以提出具体的销售策略。

基站是一种固定在一个地方的大功率多通道双向无线电发射机。当使用手机拨打电话时,信号将同时由附近的基站发送和接收。通过基站(基站产生所谓的"通话详情记录",记录所有与通话有关的活动,如手机用户的短信和电话等信息),电话连接到移动电话网络的有线网络。这些传感器生成的与用户位置相关的数据,已被成功用于研究社会行为、社会偏好和移动模式。如果处理得当,这些数据将有助于更好地理解人类流动性在微观层面如何影响人类行为,在宏观层面如何影响社会组织及其变化。

具体来说,来自此类传感器的数据已被用于检测个性化特征。此外,利用这些移动嵌入式传感器产生的数据还可以分析人类活动与天气的关系、人类活动与家庭住址之间的关系以及人类出行方式的选择等。手机数据的其他应用还包括重建和绘制人口分布图以及检测与紧急情况(如地震)和非紧急情况相关的异常事件[14]。

1.4.1.4 交通大数据

近年来,我国的交通运输业也取得了快速的发展,高速铁路、高速公路等都达到了世界领先水平。但是,错综复杂的道路和越来越多的私家车,也带来了很多突出问题,如交通安全问题、交通拥堵问题等。这些问题的出现促使我们必须通过数据化手段来了解实时道路情况,从而选择最合适的交通路径。

在大数据时代,交通数据从原来的单一结构静态数据集扩展到了多源、多状态、多结构数据集,静态数据和动态数据一起组合成了类型多样的大数据集。交通数据采集已经从原来的采样、路径观测和数据输入转变为整个网络的数据采集。要采集的数据不仅包括交通流量、车队长度、车辆类型、车辆行驶方向、行驶时间、瞬时速度、行驶速度等交通数据,而且还包括个人或车辆的属性数据[18]。

传统的交通系统正在演变为数据驱动的智能交通系统,从多个交通传感器收集的数据在智能交通系统中起着至关重要的作用。根据所使用的交通传感器的类型、处理数据的方式以及具体的应用,可将智能交通系统分为多源驱动的智能交通系统、学习驱动的智能交通系统和可视化驱动的智能交通系统。

视觉驱动系统是智能交通系统的应用之一,它以从视频传感器收集的流量大数据作为输入,并将输出用于相关应用程序,如交通目标检测、交通行为分析、交通数据统计分析等。然而,视觉驱动系统会受到雨、雪、静态或动态阴影的影响。因此,多源驱动系统采用多种类型的传感器,以提高对车辆数据分析的可靠性[18]。

1.4.2　大数据时代下的安全问题

1.4.2.1　网络病毒的多样化发展与传播

在当今大数据时代,计算机的快速发展和网络系统的优化,使得利用网络来办公、交流、共享信息的用户越来越多。但用户间信息的传播、文件的转发都会在网络上留下痕迹,造成信息无形的残留,增加数据保护和跟踪的难度,从而给网络病毒以可乘之机。面对数据背后巨大的价值,网络病毒不断衍生出各式各样的攻击模式。一些重要数据被复制或者篡改,不仅影响其正常使用,严重时还会危害国家安全。在大数据环境下,如何防范数据流应用带来的一系列风险,以及如何保障数据不被泄露和非法使用,最大限度地提高数据的完整性和安全性,是数据安全治理面临的第一大挑战[13]。

1.4.2.2　网络系统缺乏自主权,使数据存在安全隐患

网络系统软/硬件未及时更新,以及系统本身存在的一部分未修复的

漏洞,给了犯罪分子窃取数据、危害数据安全的可乘之机。但这种漏洞并不是不可避免的,只要技术人员深入了解这些漏洞产生的主要原因以及安全风险的根源,并采取有效的措施,对网络系统进行修补和改进,在网络系统中开发自主功能,使网络系统能够独立修复和改进漏洞问题,就可以最大限度地减少不法分子对计算机网络和数据的破坏。因此,要注意提高网络系统的自主权,及时防范不良信息、漏洞和不法分子的入侵,最大限度地保护数据安全,从而消除大数据时代的数据安全隐患,提高数据安全治理的有效性。这是数据安全治理面临的第二大挑战[13]。

1.4.2.3 操作不当使数据陷入不安全境地

目前,随着网络的快速发展,很多领域已使用计算机操作来代替人工操作。由于大多数企业员工缺乏安全保护的意识和常识,一旦发生人为操作失误,就可能使企业数据甚至是机密文件落入不法分子的手中,从而给企业和国家造成一定的损失。例如,当收到的陌生短信包中含有未知链接时,有的人基于猎奇心理就会点开链接,这种行为就有可能泄露手机中的信息等。有些人由于数据安全意识薄弱,对自己的信息没有保护意识,比如密码设置得过于简单等,从而造成个人信息泄露,严重时甚至会造成自身财产的损失。因此,操作不当导致的数据安全问题是数据安全治理面临的第三大挑战[12]。

1.4.2.4 数据安全管理体系还不健全

对于数据安全管理,个人和企业都要增强保护数据的意识。对于企业来说,要建立安全管理体系,还需要国家出台相应的法律法规,这样才能营造更好的数据安全管理环境,并在数据安全遭到侵害时进行有效的控制。但是,目前我国还没有出台特别明确的数据安全管理的法律法规,且地方管理标准不统一。以数据的隐私保护为例,在数据传输过程中,包含个人信息的内容可以在信息持有者不知情的情况下大规模传输,但对于这个过程中出现的安全问题以及造成的个人信息泄露,国家没有具体的规定和管理标准。安全管理没有基础,就难以深入地开展工作。此外,数据安全管理的内部制度不完善,也使得各项管理活动的实施不规范,安全治理的效果有待提高。对于数据备份、数据恢复等工作,由于没有明确的标准和要求,有时容易出现安全管理流程不规范的问题,为病毒的传播提供了可乘之机,并增加了数据系统的安全风险。这是数据安全治理面临的第四大挑战[18]。

1.4.3　完善大数据安全治理体系的重要性

面对以上各种挑战,要使大数据技术继续发挥其应有的作用,就必须对数据安全治理体系进行完善。数据治理是指为管理组织中的数据而采取的一系列措施,是对数据的一种管理行为。数据治理有助于组织实现数据标准化,有效地制定业务政策,并确定利益相关者的角色。数据治理是数据管理的一部分,有助于企业改善和维护数据质量。目前,数据治理被迅速普及,已被视为一个新兴领域,是信息领域中一个新兴的课题。近年来,各组织内部使用的数据量急剧增加,数据在业务运作中发挥着关键作用。但同时,大数据也给各组织带来了许多挑战。例如,在个人信息泄露和对客户私人生活的监测方面,管理人员在清理、管理隐私和处理大数据安全问题方面面临很多问题,如安全漏洞问题、病毒入侵问题、数据存储问题等。运用大数据技术的企业同样需要较为完备的治理政策和治理程序,这是信息管理的基础[18]。

大数据既影响业务决策,又影响战略决策,如何管理这些数据已成为关键。大数据治理必须考虑信息管理、信息治理、数据定义和使用标准、主数据管理、元数据管理、数据生命周期管理、风险和成本控制等各个方面。大数据治理是指制定与大数据有关的数据优化、隐私保护与数据变现的政策,是传统信息治理的延续和扩展,也是大数据分析的基础。大数据治理框架对于制定有效且确保大数据可用、完整、可审计和安全的政策、流程和标准非常重要。大数据治理对于需要处理大量数据的企业或者组织来说至关重要,所以未来各个企业或者组织都要基于自身的大数据形成一个适合自己的大数据管理体系,这样才能最大限度地发挥大数据技术的作用,保证这些数据的完整性不受侵害,以利于我们日后更好地利用这些数据[14]。

参考文献

[1]黄欣荣.大数据的语义、特征与本质[J].长沙理工大学学报(社会科学版),2015,30(6):5-11.

[2]邬贺铨.大数据时代的机遇与挑战[J].求是,2013(4):47-49.

[3]李德毅.聚类成为大数据认知的突破口[N].中国信息化周报,2015-04-20.

[4]李国杰.大数据成为信息科技新关注点[J].硅谷,2012(13):17.

[5]涂子沛.大数据——正在到来的数据革命[M].桂林:广西师范大学出版社,2013.

[6]梅宏.大数据发展现状与未来趋势[J].交通运输研究,2019,5(5):1-11.

[7]维克托·迈尔-舍恩伯格,肯尼思·库克耶.大数据时代:生活、工作与思维的大变革[M].盛杨燕,周涛,译.杭州:浙江人民出版社,2013.

[8]王建华."新常态"下的大数据思维[J].上海经济,2014(9):14.

[9]黄欣荣.大数据时代的思维变革[J].重庆理工大学学报(社会科学版),2014(5):15-17.

[10]张维明,唐九阳.大数据思维[J].指挥信息系统与技术,2015,6(2):1-4.

[11]梅宏.建设数字中国:把握信息化发展新阶段的机遇[N].人民日报,2019-08-19(5).

[12]TANG J X, MA T J, LUO Q W. Trends prediction of big data: A case study based on fusion data[J].Procedia Computer Science,2020,174:181-190.

[13]闫树.大数据:发展现状与未来趋势[J].中国经济报告,2020(1):38-53.

[14]BLAZQUEZ D，DOMENECH J. Big data sources and methods for social and economic analyses［J］. Technological Forecasting and Social Change，2018，130(C)：99-113.

[15]于若男.大数据在中小银行供应链金融业务中的应用［D］.石家庄：河北经贸大学,2020.

[16]周志华.机器学习［M］.北京：清华大学出版社,2016.

[17]中国信息通信研究院. 大数据白皮书 2020 年［R/OL］. (2020-12）［2021-11-25］. http：//www. caict. ac. cn/kxyj/qwfb/bps/202012/t20201228_367162.htm.

[18]许彦鹏.大数据时代背景下的数据安全治理探析［J］.网络安全技术与应用,2021(11)：56-58.

第 2 章　机器学习及其算法

机器学习不仅是人工智能的核心,同时也是大数据的基石。大数据在各个方面的应用基础都是机器学习,机器学习算法能够使数据分析的工作量大大减小。未来机器学习领域的发展,会推动大数据领域实现飞跃式发展;数据量的增加以及对数据分析需求的增长,也会反过来推动机器学习领域的发展。机器学习与大数据是相辅相成的。

2.1　机器学习

机器学习就是以现有的数据为基础,利用概率统计等数学方法,构造符合某种数学规律的函数模型,并求解这个函数模型,从而完成实际中的任务。概括来说,就是利用数据本身的特征,用概率论公式等数学公式来构建函数模型并完成既定任务。

2.1.1　基本术语

上面笔者提到了什么是机器学习,下面笔者将介绍一些机器学习的基本术语。

首先举个例子:假设某地一个手机卖场中的一个手机经销商,在他电脑的数据库中存储着过去一年所有产品的销售记录,那么这个数据库中的所有数据就被称为"数据集"。每一条涵盖目标对象所有信息的记录被称为"样本";而每一部手机的品牌、屏幕尺寸、中央处理器(CPU)主频等特性被称为"属性"或"特征";品牌有苹果、三星、华为等,这些被称为"属性值"。一部手机的属性集合被称为"特征向量",如{华为,mate 50 pro, 6.88 英寸[①]}(对应的特征分别为品牌、型号、屏幕尺寸)。可用 $X = (x_1, x_2, \cdots, x_n)$ 表示含有 n 个特征的特征向量,其中 n 称为特征向量的"维度"。"华为""mate 50 pro"和"6.88 英寸"三个属性可以在空间中构成一个用于描述手机的三维空间,如图 2.1 所示。在这个空间中,每一部手机都对应独有的向量,x 轴对应的是型号,可以在 x 轴上找到一个点,这个点的值是 mate 50 pro。同理,也可以分别在 y 轴、z 轴上找到对应的值"华为"和"6.88 英寸"。这三个属性值在空间中对应的位置与原点连接产生的一个向量,就是这个示例的特征向量。据此,我们还可以将向量拓展到四维、五维,直到 n 维。

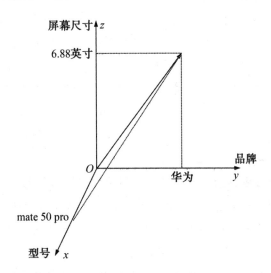

图 2.1　三维空间示意图

经过数据处理后,产生模型的过程被称为"学习"(learning)或"训练"(training)。在这个过程中涉及的数据处理,是通过机器学习算法实现的。用于训练的数据被称为"训练数据"(training data),训练集(training

①　1 英寸=25.4 mm。

set)就是由这些数据组成的。学习时,如果预测的值是离散值,如手机品牌"华为""小米"等毫无关系的值,则此类学习任务被称为"分类"(classification)。

如果这类分类任务的样本在分类过程中仅被分为两类,则这类任务被称为"二分类"(binary classification)。在这类任务中,我们最开始指定的一类样本被称为"正类"(positive class),与我们期望结果相反的一类被称为"反类"(negative class)。比如我们需要区分一群人的性别,并选取其中的男性,最终的模型会将人群分为男性和非男性。在这个任务中,因为最初指定的类别为男性,所以男性被称为"正类",而非男性被称为"反类"。如果涉及多个类别,比如,我们想要知道世界上的鸟一共有多少种,显而易见,由于世界各地现存的鸟肯定不止两种,二分类算法不再能满足我们的需求,因此就延伸出了多分类(multi-class classification)任务。

但是现实生活中也不只存在分类的情况,还有许多使用分类算法也无法解决的问题,如与分类任务相对的学习任务——回归(regression)。在回归任务中,样本的值是连续的。比如,一个宿舍里面住着四名男性,他们的身高分别是170 cm、178 cm、183 cm、185 cm,虽然这些值看上去是离散的,但是实际上它们是连续的,可以分布在一条直线上,构成一个值的连续分布,这类学习任务就被称为"回归"。

在机器学习中,还有一种算法叫"聚类",它将具有相似特征的样本划分到同一类,从而形成若干个相对于之前的样本分布更加凝聚的"样本团",也叫"簇"(cluster),每个簇的内部都有一些类似的属性。比如,世界上的80多亿人不是平均分布在地球上各个空间位置的,而是由一个个国家的人口组成的,每一个国家的人口都可以被看作是按照国籍划分的簇,每一个簇中的绝大部分人都有所在国国籍。

在机器学习中,根据训练数据是否有标记信息,可以将其大致分为监督学习(supervised learning)和无监督学习(unsupervised learning)两大类。其中,分类和回归是监督学习的代表,聚类是无监督学习的代表[1]。图2.2所示为机器学习的分类。

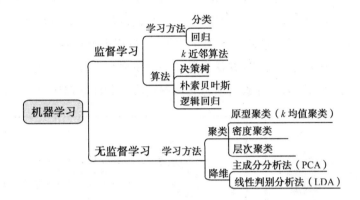

图 2.2　机器学习的分类

2.1.2　模型的评估与选择

在机器学习中,不可避免地要对训练模型进行选择,选择一个对的模型不仅能够提高预测的准确率,同时也可以提高数据处理的效率。在模型选择的过程中,我们会根据数据的不同,选择不同的标准去评估度量模型的优劣,度量标准是由模型的类型和要完成的任务决定的。下面我们介绍几个常用的评估度量模型的方法。

在分类过程中,不管多么优秀的算法模型,最后都一定会出现被错误分类的样本,在评估时,这部分样本所占的比例被称为"错误率"。但是,如果所有实际的输出结果都与预期的结果有较大的差距,那么我们就认为这个模型的学习能力不强,无法满足我们的期望水平。这时,我们就要找出样本被错误分类的原因,通过分析这些原因,进而有针对性地改进模型。实验中的结果与预期结果之间的差距被称为"误差",误差也是评估过程中的一个重要指标。

在实际的评估模型选择过程中,会出现过拟合(overfitting)和欠拟合(underfitting)两种情况。通俗地讲,过拟合就是模型学习能力太强,把训练样本中一些我们不想要或者与输出结果无关的特征学习进去,导致实际样本只有高度接近训练样本的时候才会被正确识别,这样会导致更换测试集之后,模型的拟合效果比预期的结果偏差大;而欠拟合与之相反,模型只会笼统地学到一个大概特征,而忽略其他特征的重要性,也会导致测试集的拟合效果非常差。如图 2.3 所示,过拟合会将树叶是否有锯齿这个不重要的特征学习到,并认为其是一个重要特征;而欠拟合只会学习到绿色这一特征,从而导致将所有含有绿色特征的样本都划分为树叶。

图 2.3　过拟合、欠拟合的直观类比[2]

一般来说,欠拟合问题可以通过修改模型、增加训练次数或者其他方法予以解决,而过拟合是机器学习领域迄今为止尚无法克服的关键障碍。通常情况下,采取合适的手段可以使过拟合问题得到缓解,但无法彻底避免。

在设计好模型并由训练样本训练后,我们需要对所用模型进行评估,以确定此模型是不是我们想要的,是否能达到预期要求。通常我们使用没有进行学习的样本来评判模型的学习能力,这个样本被称为"测试集"。在评判过程中,模型产生的误差被称为"泛化误差"。

我们常用的评估方法有四种,分别是留出法、交叉验证法、自助法和调参与最终模型。由于后两种方法并不常用,因此下面我们只介绍前两种方法。

留出法是先将一个数据集根据特征划分为测试集和训练集,训练集用来对模型进行训练,训练完成后,再使用测试集对模型进行测试,并对测试集经由模型处理后输出的结果进行评估,以查看此模型的泛化能力。比如,某数据集有 100 个样本,我们选择某一部分样本用于训练,而将剩下的样本作为测试集用来测试模型的性能。假设我们选择的训练集规模为 70,经由测试集输出后,发现在 30 个样本中有 6 个错误样本,那么其错误率为 6/30×100%=20%,相应的,精度为 1-20%=80%。那么我们可以说这个模型的识别能力在 80%左右。但是,使用留出法时,需要进行多次划分、测试并取平均值,否则可能产生意想不到的误差结果。

交叉验证法是将数据集划分成规模大小相近,但是样本空间互斥的集合,从其中选择一个集合作为测试集,其他集合作为训练集,进行多次训练和测试,将得到的结果取平均值的方法。图 2.4 所示为 10 折交叉验证的示意图。

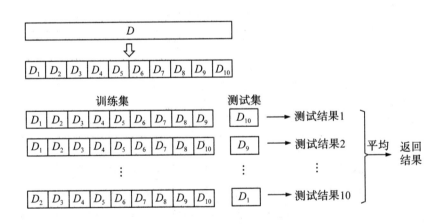

图 2.4　10 折交叉验证的示意图[2]

性能度量是衡量模型泛化能力的评价标准。在回归任务中,最常用的性能度量是“均方误差”(mean squared error,MSE),它是指预测值与实际值之间的方差。其计算公式如下:

$$E(f;D)=\frac{1}{m}\sum_{i=1}^{m}\left[f(x_i)-y_i\right]^2 \tag{2.1}$$

式中,f 为学习器;D 为给定的数据集;m 为样本的个数;y_i 是 x_i 在现实中对应的真实输出。

在分类任务中,常用的性能度量指标主要有正确率、错误率、精度(又称为"查准率")、查全率(又称为"召回率")、F_1值(查准率和查全率的调和平均值)、曲线下的面积(area under curve,AUC)、接受者操作特征(receiver operating characteristic,ROC)、代价敏感错误率与代价曲线。其中,错误率和精度应用得更为广泛。

查准率、查全率与 F_1 值的使用会涉及分类结果混淆矩阵。分类结果混淆矩阵包含真正例(被正确地划分为正类的实例数)、假正例(被错误地划分为正类的实例数)、真反例(被正确地划分为反类的实例数)、假反例(被错误地划分为反类的实例数),分别用 TP、FP、TN、FN 表示,如表 2.1 所示。

表 2.1　分类结果混淆矩阵

真实情况	预测结果	
	正类	反类
正类	TP	FN
反类	FP	TN

通俗地说,查准率就是被划分为正确的样本中,真正正确的样本数量/正确样本总量×100%,即查到的样本中正确样本的比例。查全率就是真正正确的样本中,被查出来的样本数量/正确样本总量×100%,即所有的正确样本中,有多少正确样本被查出来。查准率(P)与查全率(R)用公式分别表示如下:

$$P = \frac{TP}{TP+FP} \tag{2.2}$$

$$R = \frac{TP}{TP+FN} \tag{2.3}$$

比如,有 100 幅图片,其中有 50 幅是男人,若将识别为男人作为正类,经过分类得到的结果如表 2.2 所示。

表 2.2　性别分类混淆矩阵

真实情况	预测结果	
	男人	不是男人
男人	40	10
不是男人	5	45

由表 2.2 可以看出,预测的结果是:50 个男人样本中,有 40 个被认为是男人,10 个被认为不是男人;而在不是男人的样本中,有 5 个被认为是男人,剩下的 45 个被认为不是男人。所以,根据前面提到的公式,可以求得

$$P = \frac{40}{40+5} \times 100\% = 88.8\%$$

$$R = \frac{40}{40+10} \times 100\% = 80\%$$

即查准率为 88.8%,查全率为 80%。

通常,查准率和查全率的大小关系是相互的,当一个高时,另一个肯定低。例如,如果我们想尽可能多地从一张写满数字的纸中识别出数字 5,那么就要多识别数字样本,这样查准率就低了;如果我们想让准确度高一点,只选与 5 相似性比较高的数字,那么查全率就低了。

P-R 曲线是用来衡量查准率与查全率关系的一种曲线。在 P-R 曲线中,查准率等于查全率的点被称为“平衡点”,如图 2.5 所示。当一条曲线完全位于另一条曲线的上方时,前者不管是查全率还是查准率都比后者高,则可以说前者更适合作为模型使用,如曲线 A 与曲线 C。但若两条曲线发生交叉,这时无法直接判断两者的大小关系,只能通过在不同环境条件下的测试来确定选择哪个模型。

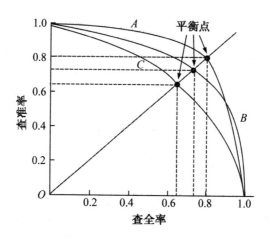

图 2.5　*P-R* 曲线[5]

在进行性能度量时,我们也常常使用 ROC 曲线对模型进行评估。ROC 曲线又被称为"感受性曲线"(sensitivity curve)。在分类过程中,有时候我们需要划分阈值,并根据样本特性选取多个截断点。若重视"查准率",则选择靠前的位置设置截断点;反之,则选择靠后的位置设置截断点。ROC 曲线就是通过这种方式对学习器泛化性能进行评估的。与 *P-R* 曲线相似,我们可以通过计算,以真正例率(true positive rate,TPR)和假正例率(false positive rate,FPR)分别作为图像的横轴、纵轴,得到 ROC 曲线。TPR 和 FPR 的计算公式分别为

$$\mathrm{TPR} = \frac{\mathrm{TP}}{\mathrm{TP} + \mathrm{FN}} \tag{2.4}$$

$$\mathrm{FPR} = \frac{\mathrm{FP}}{\mathrm{FP} + \mathrm{TN}} \tag{2.5}$$

式中 TP、FN、FP、TN 可分别由表 2.1 得到。

图 2.6 所示为 ROC 曲线。

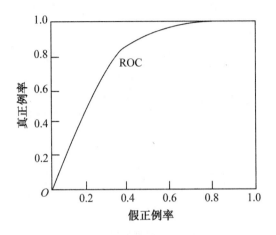

图 2.6　ROC 曲线

2.2　机器学习算法

在实际中,如果想对海量数据进行处理,并得到预期的结果,就不得不学习机器学习算法。此处我们重点介绍大数据中常用的几种机器学习算法。

2.2.1　线性回归

在机器学习中,最简单的问题就是线性回归问题。一元一次方程(组)在线性回归问题中的应用非常广泛。在充满离散值的坐标轴中,绘制一条直线,使这条直线到各离散值的距离尽可能地短(这种方法也叫"最小二乘法"),这条直线的函数解析式就是线性回归模型,即

$$f(x) = w_1 x_1 + w_2 x_2 + \cdots + w_d x_d + b \tag{2.6}$$

写成向量形式为

$$f(x) = w^{\mathrm{T}} x + b \tag{2.7}$$

式中,$w = (w_1, w_2, \cdots, w_d)$,$w$ 和 b 确定之后,模型就得以确定。图 2.7 所示为三个不同的模型对样本的拟合。通过观察发现,虽然模型 A、B、C 均有值落在直线上,但是进一步评估发现,模型 B 的拟合效果最好。

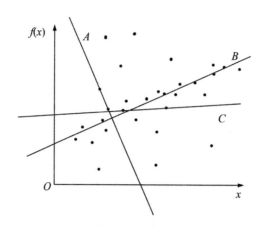

图 2.7   线性回归模型

评估使用的函数是代价函数。在线性回归模型中,一般选择均方误差作为代价函数,其公式如下:

$$\tau(\theta_0,\theta_1) = \frac{1}{2m}\sum_{i=1}^{m}\{h_\theta[x^{(i)}] - y^{(i)}\}^2 \tag{2.8}$$

$$h_\theta[x^{(i)}] = \theta_0 + \theta_1 x^{(i)} \tag{2.9}$$

$$\min_{\theta_0,\theta_1}\tau(\theta_0,\theta_1) \tag{2.10}$$

式中,θ_0 和 θ_1 是假设函数的参数;h_θ 是预测值;m 是训练的样本数量;i 表示第 i 个样本。而线性回归的任务就是找到代价函数的最小值,即我们期望的最好的输出结果。

对于线性模型的代价函数 $\tau(\theta_0,\theta_1)$,其图像一定是凸函数(感兴趣的读者可以自己查找资料证明),如图 2.8 所示。通过图像我们可知,$\tau(\theta_0,\theta_1)$ 的最小值就是图像的最低点,所以求 $\min\limits_{\theta_0,\theta_1}\tau(\theta_0,\theta_1)$ 的问题就变成了求函数最低点的问题。而由微积分的知识可知,二元一次函数图像的最低点就是函数导数为零的点。通过不断地改变自变量的值并多次求导,就可以找到函数的最低点。在机器学习中,这种方法被称为"梯度下降法"(gradient descent algorithm,GDA),它是机器学习中寻求目标函数最小值最常用的方法。

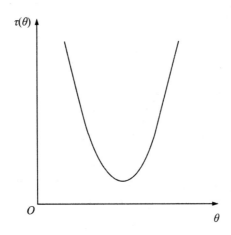

图 2.8 代价函数的图像

从数学角度来看,梯度的方向就是函数增长速度最快的方向,而梯度的反方向就是函数减少速度最快的方向。如果想计算一个函数的最小值,就可以采用梯度下降法的思想。假设希望求解目标函数 $f(\boldsymbol{x}) = f(x_1, x_2, \cdots, x_n)$ 的最小值,可以从一个初始点 $\boldsymbol{x}^{(0)} = (x_0^{(0)}, x_1^{(0)}, \cdots, x_n^{(0)})$ 开始,基于学习率 $\alpha > 0$ 构建一个迭代过程。当 $i > 0$ 时,有

$$
\begin{cases}
x_1^{(i+1)} = x_1^{(i)} - \alpha \cdot \dfrac{\partial f}{\partial x_1}[\boldsymbol{x}^{(i)}] \\[2mm]
x_2^{(i+1)} = x_2^{(i)} - \alpha \cdot \dfrac{\partial f}{\partial x_2}[\boldsymbol{x}^{(i)}] \\[2mm]
\cdots\cdots \\[2mm]
x_n^{(i+1)} = x_n^{(i)} - \alpha \cdot \dfrac{\partial f}{\partial x_n}[\boldsymbol{x}^{(i)}]
\end{cases}
\tag{2.11}
$$

一旦达到收敛条件的话,迭代就结束。从梯度下降法的迭代公式来看,下一个点的选择与当前点的位置和它的梯度相关。

通过不断地对 x 进行迭代,最终可求得最小值点。图 2.9 即为梯度下降示意图。

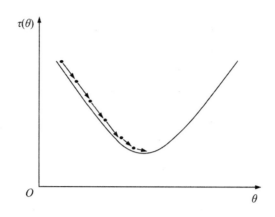

图 2.9 梯度下降示意图

通过梯度下降法，一般情况下都可以求得函数最小值或者局部最小值，从而求得最优模型。梯度下降法不仅在机器学习中发挥着重要作用，而且在人工智能领域也占有重要地位。

2.2.2 逻辑(logistics)回归

线性回归模型常用于离散值问题，对于分类问题并不适合。在解决分类问题，尤其是二分类问题时，更常用的是逻辑回归。

逻辑函数是一种 sigmoid 函数，可以将所有的输出都限制在(0,1)的区间内，所以通常被用在神经网络的隐藏层中。sigmoid 函数是神经网络中一种非常常用的激活函数，被广泛应用于逻辑回归问题中，同时在统计学、机器学习领域也具有重要作用。Sigmoid 函数由下列公式定义：

$$S(x) = \frac{1}{1 + e^{-x}} \qquad (2.12)$$

它的图像是一个"S"形的曲线，如图 2.10 所示。从图中可以看出，sigmoid 函数有一个特别之处，就是可以对数值进行平滑处理，从而将结果限制在我们想要的区间之中。利用 sigmoid 函数的这个特性，我们可以轻松地解决二分类问题。

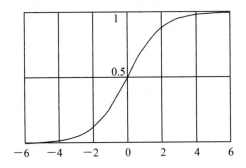

图 2.10　sigmoid 函数的图像

　　实际上,逻辑回归模型常常被用于二分类任务中,而在多分类任务中,常用 softmax 方法。

　　逻辑回归模型,也就是最常用的二分类逻辑回归模型,与线性回归模型的预测函数是一样的,不同的是,因变量为分类变量时,逻辑回归模型可通过某种变换将 $f(x)$ 即 y 与 x 的关系转换为对数关系,如

$$\ln y = w^{\mathrm{T}}x + b \tag{2.13}$$

　　若将 y 视作样本 x 为正类的可能性,则 $1 - y$ 是其反类的可能性。两者的比值 $\dfrac{y}{1-y}$ 称为"概率",反映了 x 作为正类的相对可能性,则相应的对数概率为 $\ln \dfrac{y}{1-y}$ 。

　　若将 y 视作 x 的类后验概率估计 $p(y=1|x)$,则式(2.13)可改写为

$$\ln \frac{p(y=1\mid x)}{p(y=0\mid x)} = w^{\mathrm{T}}x + b \tag{2.14}$$

容易得到

$$p(y=0\mid x) = \frac{\mathrm{e}^{-(w^{\mathrm{T}}x+b)}}{1+\mathrm{e}^{-(w^{\mathrm{T}}x+b)}} \tag{2.15}$$

$$p(y=1\mid x) = \frac{1}{1+\mathrm{e}^{-(w^{\mathrm{T}}x+b)}} \tag{2.16}$$

得到的对数概率函数的图像类似于图 2.10 所示的 sigmoid 函数图像。它的自变量在实数 **R** 的范围内,因变量在区间(0,1)内。于是可把一个线性回归的值映射为一个有可能性意义的值。当 $w^\mathrm{T}x + b > 0$ 时,$0.5 < p(y=1|x) < 1$,将该样本判为正类;否则判为反类。如果正、反类不合适,则通过将 0.5 更换为其他数值,便可解决其他类型的二分类问题。

二分类问题实际上并不是一个难解决的问题。如图 2.11 所示,如果能找到一条直线将数据集所在平面划分为两个不同的区域("〇"和"×"为事先标记的两类),就可以解决该二分类问题,而这条直线被称为"决策边界",其模型可表示为

$$h_w(x) = w_1 x_1 + w_2 x_2 + b \tag{2.17}$$

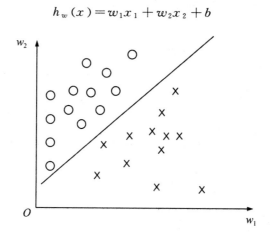

图 2.11　二分类问题示意图

假设样本中的某个点 $h_w(x) = w_1 x_1 + w_2 x_2 + b > 0$,那么我们可以通过 sigmoid 函数处理后将其标记为正类。

确定了回归模型的数学形式之后,还要去求解模型中的参数。对于这个问题,统计学中常使用极大似然估计法求解。极大似然函数(或称"对数似然函数")的内涵是尽可能地增大已发生事件的概率(此处指训练数据集的概率)。

设

$$P(y=1 \mid x;\theta)=h_\theta(x) \tag{2.18}$$

$$P(y=0 \mid x;\theta)=1-h_\theta(x) \tag{2.19}$$

式中，θ 是逻辑回归模型的参数。

对于给定的训练数据集 $D=\{(x_1,y_1),(x_2,y_2),\cdots,(x_M,y_M)\}$ 上的似然函数

$$L(\theta)=\prod_{i=1}^{M}\left[h_\theta(x_i)^{y_i}\right]\left[1-h_\theta(x_i)\right]^{1-y_i} \tag{2.20}$$

对数似然函数为

$$\vartheta(\theta)=\log L(\theta)$$

$$=\sum_{i=1}^{M}\left[y_i\log h_\theta(x_i)\right]+(1-y_i)\log\left[1-h_\theta(x_i)\right] \tag{2.21}$$

接下来便是对这个对数似然函数进行极大化，或者极小化其代价函数。一般采用梯度下降法，此处不再赘述。

逻辑回归的优势如下：如果误差较大，梯度就大，有利于快速收敛；如果误差较小，梯度就小，有利于参数微调。

需要注意的是，逻辑回归虽然名字中带有"回归"两个字，但严格来说，却不是回归算法，而是分类算法。逻辑回归和 softmax 回归在神经网络等诸多领域有着广泛应用，但缺点是不能解决太复杂的非线性问题。

2.2.3　决策树

决策树模型也是一种用来解决分类问题的模型，它利用树形结构的分类特性，通过直观的树分叉完成决策。图 2.12 所示为判断某学生是不是好学生的决策树模型。

决策树由节点和有向边组成，其中节点分为内部节点、叶子节点和根节点。内部节点表示一个特征或属性；叶子节点表示一个划分的类，即决策结果；根节点包含样本全集，从根节点到每个树节点的路径对应一个判定测试序列。决策树学习的目的是产生一棵泛化能力强，即处理未见示例能力强的决策树，其基本流程遵循简单且直观的"分而治之"策略[2]，如图 2.13 所示。

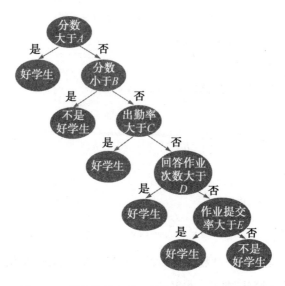

图 2.12　判断某学生是不是好学生的决策树模型

输入：训练集$D=\{(x_1,y_1),(x_2,y_2),...,(x_m,y_m)\}$；
　　　　属性集$A=\{a_1,a_2,...,a_d\}$.
过程：函数 TreeGenerate(D,A)
1: 生成结点node；
2: if D中样本全属于同一类别C then
3:　　将node标记为C类叶节点；return
4: end if
5: if $A=\varnothing$ or D中样本在A上取值相同 then
6:　　将node标记为叶节点，其类别标记为D中样本数最多的类；return
7: end if
8: 从A中选择最优划分属性a_*；
9: for a_*的每一个值a_*^v do
10:　　为node生成一个分支；令D_v表示D中在a_*上取值为a_*^v的样本子集；
11:　　if D_v为空 then
12:　　　将分支节点标记为叶节点，其类别标记为D中样本最多的类；return
13:　　else
14:　　　以TreeGenerate($D_v,A\backslash\{a_*\}$)为分支节点
15:　　end if
16: end for
输出：以node为根节点的一棵决策树

图 2.13　决策树学习的基本算法[2]

　　显然,决策树的生成过程是一个递归过程。在决策过程中,有以下三种情况会导致递归返回:

　　(1)当前节点的样本均为同类。

　　(2)当前节点的样本取值相同。

　　(3)当前节点无法划分。

　　那么,决策树到底是如何进行划分的呢? 一般而言,随着划分过程的不断进行,我们希望决策树的分支节点所包含的样本尽可能地属于同一类别,就像我们希望食用盐里面尽可能地少包含其他杂质一样,即我们希望节点的"纯度"越来越高。我们可以使用信息增益(information gain)、增益率(gain ratio)、基尼(Gini)值作为度量纯度的指标。

　　假定当前的样本集合 D 中第 i 类样本所占的比例为 $x_i(i=1,2,\cdots,|y|)$,则 D 的信息熵被定义为

$$\text{Ent}(D) = -\sum_{i=1}^{|y|} x_i \log_2 x_i \tag{2.22}$$

　　一般地,这个节点中某一类样本的数量越多、所占比例越大,$\text{Ent}(D)$ 越小,这个节点越偏向某单一类,因此 D 的纯度越高。

　　而对于信息增益,假定属性 a 有 K 个不同的取值,使用 a 对样本集合 D 进行划分,得到第 k 个在属性 a 上所有取值为 a^k 的样本,此时

$$\text{Gain}(D,a) = \text{Ent}(D) - \sum_{k=1}^{K} \frac{|D^k|}{D} \text{Ent}(D^k) \tag{2.23}$$

式中,$\text{Gain}(D,a)$ 被称为"信息增益"。一般而言,信息增益越大,则通过使用属性 a 来进行划分得到的"纯度提升"越大,也就是说,通过属性 a 能够更准确地进行样本划分。

　　信息增益也不是永远都符合期望,它对可取值数目较多的属性有所偏好,为了减少信息增益这种偏好可能带来的不利影响,我们可以使用增益率对属性进行划分。增益率的定义为

$$\text{Gain}_{\text{ratio}(D,a)} = \frac{\text{Gain}(D,a)}{\text{IV}(a)} \tag{2.24}$$

式中

$$\mathrm{IV}(a) = -\sum_{k=1}^{K} \frac{|D^K|}{|D|} \log_2 \frac{|D^K|}{|D|} \qquad (2.25)$$

$\mathrm{IV}(a)$ 越大,则说明属性 a 的取值越多。

基尼值也可被用来度量 D 的纯度,其计算公式为

$$\mathrm{Gini}(D) = \sum_{i=1}^{|y|} \sum_{i' \neq i} x_i x'_i = 1 - \sum_{i=1}^{|y|} x_i^2 \qquad (2.26)$$

$\mathrm{Gini}(D)$ 用来表示从 D 中随机抽取两个不同的样本,其分类不一致的概率。$\mathrm{Gini}(D)$ 越小,说明两个样本不一致的概率越大,也就是分类的结果越正确,D 的纯度越高。

在使用决策树模型时,也会出现欠拟合和过拟合现象。欠拟合时,可以通过增加分支来提高拟合程度;反之,可以通过减少分支来降低拟合程度。减少分支的措施在机器学习中被称为"剪枝策略",可以在决策树生成过程中进行(称为"预剪枝"),也可以在之后进行(称为"后剪枝")。预剪枝是指在决策树生成过程中,对每个节点在划分前先进行评估,若当前节点划分不能带来决策树泛化性能的提升,则停止划分并将当前节点标记为叶节点;后剪枝是在决策树生成之后,通过不断地减少叶节点,评估决策树性能的改变程度,以降低拟合程度的措施。

在决策树学习过程中,还有连续值处理、缺失值处理、多变量决策树等问题,由于这些问题的处理比较复杂,此处不再多述。

2.2.4 朴素贝叶斯理论

贝叶斯分类是一类分类算法的总称,这类算法均以贝叶斯定理为基础,因而统称为"贝叶斯分类"。而朴素贝叶斯分类是贝叶斯分类中最简单、最常见的一种分类方法。贝叶斯定理其实就是一个非常简单的公式,即

$$P(B \mid A) = \frac{P(A \mid B) P(B)}{P(A)} \qquad (2.27)$$

在分类算法中,可以用如下更简单的表达式来表示:

$$P(类别 \mid 特征) = \frac{P(特征 \mid 类别) P(类别)}{P(特征)} \qquad (2.28)$$

朴素贝叶斯算法是基于贝叶斯定理和特征条件独立假设的分类算法。本节我们不介绍太多理论,而是通过一个例子来介绍什么是朴素贝叶斯算法。下面首先展示一下贝叶斯算法从准备工作阶段到应用阶段的基本流程,如图 2.14 所示。

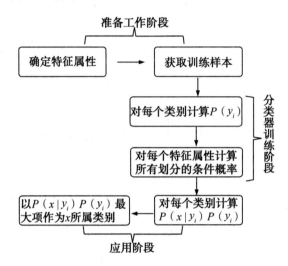

图 2.14　贝叶斯算法的基本流程

假设某个体育社团里面有 6 个人,其具体情况如表 2.3 所示。

表 2.3　某体育社团具体情况

性别	特长	班级
男	足球	一班
男	篮球	二班
女	篮球	三班
女	乒乓球	四班
男	排球	四班
男	排球	三班

若现在社团里面又来了一个会打篮球的女生,请问她来自三班的概率有多大?

令 $P(A)=P(三班)$,$P(B)=P(女\times篮球)$,根据贝叶斯定理,可得

$$P(A\mid B)=\frac{P(B\mid A)P(A)}{P(B)} \tag{2.29}$$

即

$$P(三班\mid 女\times篮球)=\frac{P(女\times篮球\mid 三班)\cdot P(三班)}{P(女\times篮球)} \tag{2.30}$$

假定"女"和"篮球"发生的条件是相互独立的,可得

$$P(三班\mid 女\times篮球)=\frac{P(女\mid 三班)\cdot P(篮球\mid 三班)\cdot P(三班)}{P(女)\cdot P(篮球)} \tag{2.31}$$

计算可得

$$P(三班\mid 女\times篮球)=\frac{\frac{1}{2}\times\frac{1}{2}\times\frac{1}{3}}{\frac{1}{3}\times\frac{1}{3}}=0.75 \tag{2.32}$$

因此,这个会打篮球的女生有 75% 的概率来自三班。同理,可以计算出这个女生来自其他班的概率。通过比较这几个概率,就可以得出这个女生来自哪个班的概率最大。这就是贝叶斯分类算法的基本方法:在统计资料的基础上,依据某些特征,计算各个类别的概率,从而实现分类。朴素贝叶斯分类算法则更进一步,假设所有特征都彼此独立。

但是,如果某个分量并没有在数据集和训练集中出现过,就会导致整个实例的计算结果为 0。为了解决这个问题,可以使用拉普拉斯平滑/加1平滑进行处理。

拉普拉斯平滑就是假设没出现过的样本至少出现过一次,即将概率公式中的分子加1,为了不改变概率的总和1,需要将概率公式中的分母加上类别数。

朴素贝叶斯算法的优点如下:

(1)算法逻辑简单,易于实现。

　　(2)分类过程中时空开销小(假设特征相互独立,则只会涉及二维存储)。

　　朴素贝叶斯算法的缺点如下:

　　(1)需要先计算先验概率。

　　(2)分类决策具有一定的错误率。

　　(3)对数据的输入形式要求很高。

2.2.5　支持向量机

　　支持向量机(support vector machines,SVM)是一种二分类模型。实际上,关于分类问题,机器学习的本质是通过模型的方法训练出一组参数,这些参数对应着训练集输入空间上的一组划分。对于线性可分问题,感知机能够找到一组将输入空间划分为只有正类和只有反类两类的超平面。支持向量机则进行了进一步的优化,可以找到最好的那一个超平面,从而使得针对训练数据,甚至是测试数据的泛化能力进一步提高。

　　超平面是指划分数据的决策边界,可以用一个线性方程表示为

$$\boldsymbol{w}^{\mathrm{T}}\boldsymbol{x} + b = 0 \tag{2.33}$$

式中,$\boldsymbol{w} = (w_1, w_2, \cdots, w_d)$ 为法向量,决定了超平面的方向;b 为位移项,决定了超平面与原点之间的距离。

　　样本空间中的任意点 $\boldsymbol{x}$ 到超平面 $(\boldsymbol{w}, b)$ 的距离可写为

$$\gamma = \frac{|\boldsymbol{w}^{\mathrm{T}}\boldsymbol{x} + b|}{||\boldsymbol{w}||} \tag{2.34}$$

　　对于 $(x_i, y_i) \in D$,若 $y_i = +1$(此处 +1 表示正 1,而不是加 1),则有 $\boldsymbol{w}^{\mathrm{T}}\boldsymbol{x}_i + b > 0$;若 $y_i = -1$(此处 -1 表示负 1,而不是减 1),则有 $\boldsymbol{w}^{\mathrm{T}}\boldsymbol{x}_i + b < 0$。即

$$\begin{cases} \boldsymbol{w}^{\mathrm{T}}\boldsymbol{x}_i + b > 0, \ y_i = +1 \\ \boldsymbol{w}^{\mathrm{T}}\boldsymbol{x}_i + b < 0, \ y_i = -1 \end{cases} \tag{2.35}$$

　　在支持向量机中,距离超平面最近且满足一定条件的几个训练样本点被称为"支持向量"。支持向量到超平面的距离之和叫作"间隔"(margin)。支持向量机的目的就是使超平面和支持向量之间的间隔尽可

能地大,这样才可以使两类样本准确地分开。由式(2.35),可画出支持向量与间隔的示意图,如图 2.15 所示。其中间隔的计算公式为

$$\gamma = \frac{2}{\| w \|} \qquad (2.36)$$

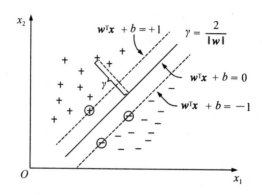

图 2.15　支持向量与间隔

我们还可以用图 2.16 所示的方法来直观地说明支持向量机的目的。

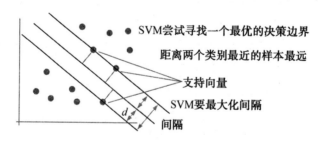

图 2.16　支持向量机的目的示意

若想找到"最大间隔"的划分超平面,即

$$\begin{cases} \max\limits_{w,b} \dfrac{2}{\| w \|} \\ \text{s.t.} \quad y_i(w^\mathrm{T} x_i + b) \geqslant 1, \quad i = 1, 2, \cdots, m \end{cases} \qquad (2.37)$$

很显然,仅需最大化 $\| w \|^{-1}$。于是,式(2.37)和式(2.38)可以重写为

$$\begin{cases} \min\limits_{\boldsymbol{w},b} \dfrac{1}{2} \parallel \boldsymbol{w} \parallel^2 \\[2mm] \text{s.t.} \quad y_i(\boldsymbol{w}^{\mathrm{T}}\boldsymbol{x}_i + b) \geqslant 1, \quad i = 1,2,\cdots,m \end{cases} \tag{2.38}$$

这就是支持向量机的基本型。

对于支持向量机的基本型，我们引入松弛变量 a_i^2，可得到 $h_i(\boldsymbol{w},a_i) = g_i(\boldsymbol{w}) + a_i^2 = 0$，并得到拉格朗日（Lagrange）函数如下：

$$\begin{cases} L(\boldsymbol{w},\lambda,a) = f(\boldsymbol{w}) + \sum\limits_{i=1}^{m} \lambda_i h_i(\boldsymbol{w}) \\[3mm] \qquad\qquad = f(\boldsymbol{w}) + \sum\limits_{i=1}^{m} \lambda_i \left[g_i(\boldsymbol{w}) + a_i^2 \right] \\[3mm] \lambda_i \geqslant 0 \end{cases} \tag{2.39}$$

由等式约束优化问题极值的必要条件（KKT 条件）对其求解，可得如下方程：

$$\begin{cases} \dfrac{\partial L}{\partial w_i} = \dfrac{\partial f}{\partial w_i} + \sum\limits_{i=1}^{m} \lambda_i \dfrac{\partial g_i}{\partial w_i} = 0 \\[3mm] \dfrac{\partial L}{\partial a_i} = 2\lambda_i a_i = 0 \\[3mm] \dfrac{\partial L}{\partial \lambda_i} = g_i(\boldsymbol{w}) + a_i^2 = 0 \\[3mm] \lambda_i \geqslant 0 \end{cases} \tag{2.40}$$

对于 $\lambda_i a_i = 0$，有以下两种情况：

情况一：$\lambda_i = 0$，$a_i \neq 0$。由于 $\lambda_i = 0$，因此约束条件 $g_i(\boldsymbol{w})$ 不起作用，且 $g_i(\boldsymbol{w}) < 0$。

情况二：$\lambda_i \neq 0$，$a_i = 0$。此时 $g_i(\boldsymbol{w}) = 0$ 且 $\lambda_i > 0$，可以理解为约束条件 $g_i(\boldsymbol{w})$ 起作用了，且 $g_i(\boldsymbol{w}) = 0$。

综合可得 $\lambda_i g_i(\boldsymbol{w}) = 0$，且在约束条件起作用时，$\lambda_i > 0$，$g_i(\boldsymbol{w}) = 0$；约束条件不起作用时，$\lambda_i = 0$，$g_i(\boldsymbol{w}) < 0$。

由此，式(2.40)可转换为

$$\begin{cases} \dfrac{\partial L}{\partial w_i} = \dfrac{\partial f}{\partial w_i} + \displaystyle\sum_{i=1}^{m} \lambda_i \dfrac{\partial g_i}{\partial w_i} = 0 \\[2mm] \lambda_i g_i(\boldsymbol{w}) = 0 \\[2mm] g_i(\boldsymbol{w}) \leqslant 0 \\[2mm] \lambda_i \geqslant 0 \end{cases} \tag{2.41}$$

式(2.41)便是不等式约束优化问题的 KKT 条件,其中 λ_i 称为"KKT 乘子"。

　　由前面的介绍可知,通过一条直线可以很轻易地将训练样本进行类别划分,但是大多数情况下,这条直线并不好找,甚至找不到。例如,在图 2.17(a)中,任一方向都无法仅使用一条直线就将正类与反类分开,只有使用曲线才能完成这个任务,但是,曲线模型的获得是十分困难的。对于这种情况,我们可以将二维空间扩展到更容易表示的三维空间,使得样本在三维空间中可分,如图 2.17(b)所示。

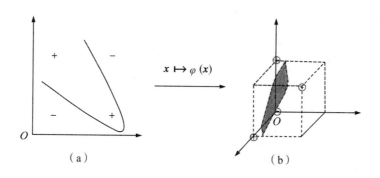

图 2.17　异或问题与非线性映射

　　使样本从低维空间映射到高维空间的函数是核函数。令 $\varphi(\boldsymbol{x})$ 表示将 $\boldsymbol{x}$ 映射后的特征向量,于是,在特征空间中划分超平面所对应的模型可表示为

$$f(\boldsymbol{x}) = \boldsymbol{w}^{\mathrm{T}} \varphi(\boldsymbol{x}) + b \tag{2.42}$$

式中,w 和 b 是模型参数。

　　这样,我们通过对对偶问题的求解,就可以得到映射后的模型,即

$$f(\boldsymbol{x}) = \sum_{i=1}^{m} a_i y_i \kappa(\boldsymbol{x}, \boldsymbol{x}_i) + b \qquad (2.43)$$

这里的函数 $\kappa(\boldsymbol{x}, \boldsymbol{x}_i)$ 就是核函数。

并不是所有的样本都像图 2.15 一样分布在间隔两侧,实际中有些样本是分布在间隔内部的。为了解决这类问题,可引入"软间隔"的概念,即允许一些样本点跨越间隔边界甚至是超平面。图 2.18 中的一些离群点就跨过了间隔边界。

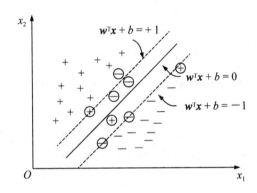

图 2.18 软间隔示意图

2.2.6 集成学习

有时,我们通过一个模型算法进行学习的效果并不尽如人意,因为单个模型所能学到的特性是有限的,而每多学一个特性,模型的构造难度会成倍增加,并且数据集特性的分布可能并不那么规律,这使得构造学习模型的难度大大增加。那么,我们能不能通过别的方法解决这个问题呢?

在机器学习中,有一种算法叫作"集成学习"(ensemble learning),它可以结合多个模型算法共同完成学习任务。通过将构造的多个小模型组合成一个集成式的大模型,可以使模型的学习能力大大增强。在预测过程中,即使某一个小模型出现了错误,也有其他的小模型对这部分数据进行预测,从而使前者产生的错误被纠正回来。小模型通常被称为"弱学习器",大模型被称为"强学习器"。图 2.19 所示即为集成学习模式示意图。

集成学习可以应付各种规模的数据集。当数据集大时,可以将数据集进行划分,然后再分别用多个模型进行组合学习;当数据集小时,则可以采取自助法(bootstrap)进行学习。

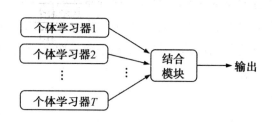

图 2.19 集成学习模式示意图

下面介绍几种常用的集成学习的方法:自助聚合法(bagging)、提升法(boosting)和堆叠法(stacking)。

bagging 是 bootstrap aggregating 的简称,它是利用有放回的抽样方法对数据集进行抽样,得到多个随机抽样形成的小数据集,然后对每个小数据集进行学习,并得到一个模型,最后对模型的预测结果取平均值的方法。该方法的典型代表即随机森林(random forest)。随机森林就是使用随机抽样的方法建立多棵决策树并组成森林,森林中的决策树和决策树之间并没有关联。建立决策树使用的随机抽样方法即为 bootstrap 方法。

最后测试时,每一棵决策树都需要使用测试集进行预测,然后分析结果到底更符合哪棵决策树、哪种模型。

Boosting 是一种可以减小偏差的机器学习算法,它的思想是:先通过训练集训练得到一个基学习器,然后使用基学习器对训练样本进行调整,使训练错误样本的权重增加,从而在后续的训练中更加重视训练错误的样本,调整样本后再通过训练集训练得到一个基学习器,重复这个流程,最终对所有基学习器进行加权平均。

Boosting 方法中,各个学习器之间存在强依赖关系,后续学习器依赖之前学习器的输出。

Stacking 方法是指训练多个不同的模型,把模型的输出作为输入来

训练获得一个最终模型,从而得到预期结果。图 2.20 展示的是 stacking
方法的集成构成。

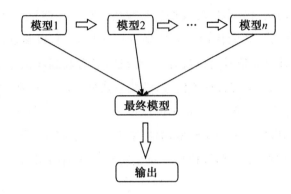

图 2.20　stacking 方法的集成构成

Stacking 方法容易出现过拟合,对于这个问题,最常用的缓解办法是
使用交叉验证产生最上层模型的训练数据。总的来说,stacking 方法比
任意单一模型的效果都要好,应用也最广泛,甚至被用于估计 bagging 模
型的错误率。

2.2.7　神经网络

神经网络(neural network,NN)是一种模仿生物神经网络结构和功
能的数学模型或计算模型。它通过构造多个人工神经元,使它们在结构
和功能上具有密切的联系,以此形成一个网状模型结构。神经网络常用
于解决非线性问题,在人工智能领域的应用十分广泛。

要学习神经网络,首先我们需要了解生物学上的神经元模型。如图
2.21 所示,信号经由树突输入,经过轴突传输到另一个树突,由突触输出。
由此可以看出,神经元是一个由输入层、中间层和输出层组成的层次
结构。

通过模仿生物神经元的结构和功能,可以实现神经网络技术在人工
智能领域的应用。

　　在神经网络中,接受信号的部分被称为"输入层",它的作用是接受训练集的数据,并发送给其他部分进行处理。对数据处理的部分叫作"输出层",它的作用是对处理后的数据进行输出。在上述两层中间还有一层,被称为"隐藏层",它的作用是对数据进行初步处理,以筛选出有用的数据。就好比神经元信号的传播有一个阈值,只有收到的信号强度大于这个阈值,神经元才会传输这个信号,隐藏层就是起这个作用。神经生理学家沃伦·麦克洛奇(Warren McCulloch)和数学家沃尔特·皮茨(Walter Pitts)通过模仿生物神经元模型,提出了人类历史上第一个人工神经元模型——M-P 神经元模型,该模型是对生物神经元的结构和工作原理抽象的结果。

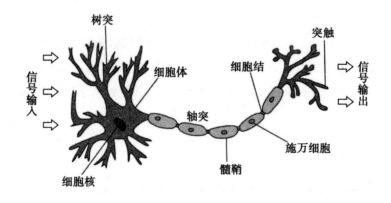

图 2.21　神经元模型

　　图 2.22 所示就是一个 M-P 神经元模型。在该模型中,神经元接受输入,隐藏层通过一个"激活函数"处理输入样本,并送至输出层进行最终的处理后输出,以此模仿生物神经元的活动并产生了神经网络。常用的激活函数有以下四种:阈值型函数(softmax 函数)、分段线性函数(ReLu 函数)、sigmoid 函数、tanh 函数。最常用的为 sigmoid 函数。

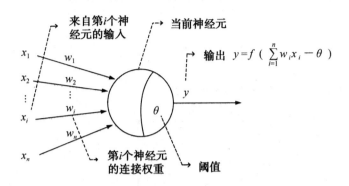

图 2.22　M-P 神经元模型

单层感知机又叫"单层神经网络",是最简单的模型,由两个输入神经元组成,对输入进行处理后经由输出层输出。图 2.23 所示即为单层感知机的层次结构示意图。

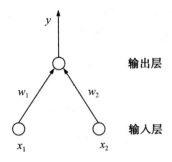

图 2.23　单层感知机的层次结构示意图

单层感知机因为只具有一层神经元结构,因此功能非常简单,学习能力也非常有限,已经无法满足现如今对数据处理的需求。在此背景下,科学家们通过研究,提出了多层功能神经元,也叫"神经网络"。

感知机学习的目标是找到一个将训练集的正、反实例点完全分开的分离超平面,但是如果问题是非线性可分的,那么单靠感知机是无法解决问题的。比如图 2.24 所示的异或问题,任何一条直线都无法将样本划分为正类、反类两类。这时我们可以使用多层功能神经元,即神经网络进行处理。

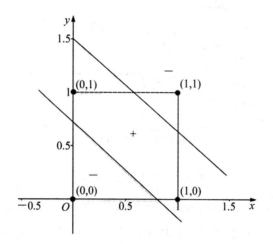

图 2.24　异或问题

如果我们将单层神经网络进行扩展,使之变成两层神经网络,如图2.25所示,那么这个问题就可以得到完美的解决。

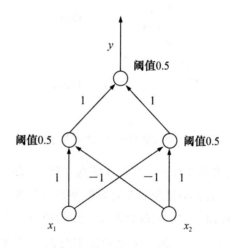

图 2.25　两层神经网络

经过图 2.25 所示的两层神经网络处理后,我们可以得到一个由两条直线划分的异或问题平面图,如图 2.26 所示。

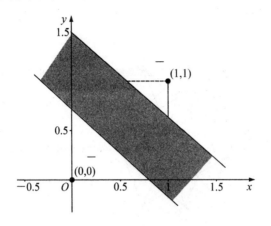

图 2.26　处理后的异或问题

同理,我们可以得到多层神经网络,如图 2.27 所示。

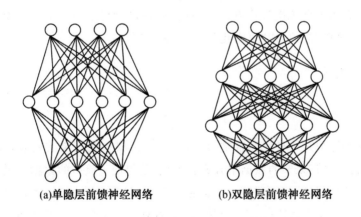

(a)单隐层前馈神经网络　　　　(b)双隐层前馈神经网络

图 2.27　多层前馈神经网络结构示意图

在神经网络中,有一个很重要的算法,叫作"反向传播"(back propa-gation,BP)算法,它在迭代过程中可以计算输出层的误差,然后将误差反馈给隐藏层,以此调整隐藏层的参数,并进行下一次操作。当误差达到一个极小值,或者是满足某些停止条件时,就对处理结果进行输出操作。通过 BP 算法构建的神经网络也叫"BP 神经网络"。图 2.28 所示即为一个 BP 神经网络的处理结构。

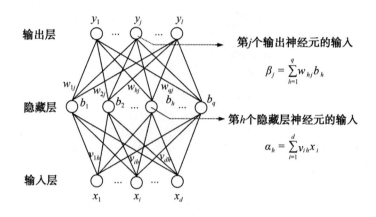

输出层 y_1 y_j y_l

第 j 个输出神经元的输入

$$\beta_j = \sum_{h=1}^{q} w_{hj} b_h$$

隐藏层 b_1 b_2 b_h b_q

第 h 个隐藏层神经元的输入

$$\alpha_h = \sum_{i=1}^{d} v_{ih} x_i$$

输入层 x_1 x_i x_d

图 2.28 BP 神经网络的处理结构

对于 BP 神经网络来说,欠拟合一般可以通过修改模型、增加神经元层数或者增加训练次数等方法来解决;而过拟合则是一个不可忽视的问题,可以采取"早停"或"正则化"的方法来缓解。

2.2.8 聚类

2.2.8.1 概述

聚类算法是一种无监督学习方法,它不需要预先定义类别和训练样本,其目的是将未知的数据集分成若干簇,使得同一簇中的数据点具有尽可能大的相似度,而不同簇中的数据点具有尽可能大的相异性。聚类过程主要包括两个阶段:①定义相似函数,并将其作为判断数据之间是否相似的依据;②选择合适的聚类算法,将数据对象划分到不同的簇中。大数据聚类分析方法可分为单机聚类方法和多机聚类方法。单机聚类方法的实现主要是通过对经典聚类算法进行优化、扩展以及对数据集进行降维或采样等处理;而主流的多机聚类方法则主要体现在体系结构等方面,其底层聚类算法与经典聚类算法无本质差别[3]。

2.2.8.2　距离计算

大量的聚类算法用距离计算来代表两个样本之间的相似程度。一般而言,距离的度量满足非负性、同一性、对称性和直递性。

常用的距离度量方法有很多种,衡量有序属性的方法有闵可夫斯基距离、欧式距离、切比雪夫距离、曼哈顿距离、余弦距离等,而衡量无序属性可以用值差度量(value difference metric,VDM)的方法。若我们用距离来度量相似性,这时距离的度量方法并不一定满足前面所说的四个性质,这样的距离称为"非度量距离"。例如,如图 2.29 所示,我们可以说人、马和人马相似,但是不能说人和马相似。人和马之间的距离就属于"非度量距离"。

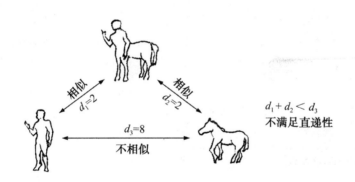

图 2.29　非度量距离示例

2.2.8.3　常用的聚类算法

聚类算法包括原型聚类、密度聚类和层次聚类,最常用的是原型聚类中的 K 均值算法,也叫"K-means 算法"。

K 均值算法是聚类算法中最常用的算法之一,它的原理是:对于给定的样本集,按照样本之间的距离大小,将样本集划分为 k 个簇。算法一开始,首先指定某些样本为中心样本,然后计算各个样本与中心样本之间的距离,最后将与中心样本距离较小的样本划分为一个簇。在该算法中,通过不断地迭代,可以找到最合适的中心样本,这些中心样本能比较好地将所有样本划分为以它们为中心的簇群,以此达到分类的目的。

图 2.30 所示即为 K 均值算法的实现过程示意图。

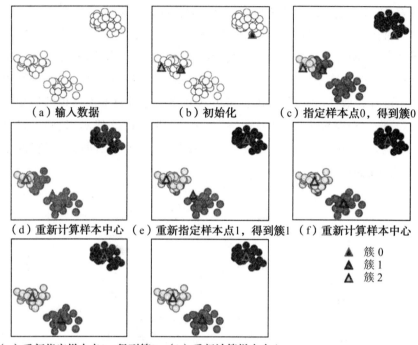

（a）输入数据　　（b）初始化　　（c）指定样本点0，得到簇0

（d）重新计算样本中心　（e）重新指定样本点1，得到簇1　（f）重新计算样本中心

△ 簇 0
△ 簇 1
△ 簇 2

（g）重新指定样本点2，得到簇2　（h）重新计算样本中心

图 2.30　K 均值算法的实现过程

K 均值算法的优点如下：

（1）原理简单,实现方便,收敛速度快。

（2）调参的时候只需要改变 K 一个参数。

（3）可解释性强。

K 均值算法的缺点如下：

（1）对离群点和噪声点比较敏感。例如,在距离中心很远的地方手动加一个噪声点,那么中心的位置就会被拉跑偏很远。

（2）K 值很难确定。

(3)只能发现球状的簇。在 K 均值算法中,我们用单个点对簇进行建模,这实际上假设了各个簇的数据是呈高维球型分布的,但在实际中这种概率并不算高。例如,若每一个簇都是长条状的,则 K 均值算法没办法识别出这种类别,这种情况下需要采用高斯混合模型(Gaussian mixture model,GMM)。实际上,K 均值算法是在做凸优化,因此处理不了非凸的分布。

(4)如果两个类别的距离比较近,则 K 均值算法的聚类效果不太好。

(5)初始聚类中心对结果的影响较大,可能每次聚类的结果都不一样。

(6)结果可能只是局部最优。

2.2.9　降维与特征选择

对于一份数据来说,数据属性的个数就是它的维度。一份数据的维度可能非常高,达到成千上万维,这时处理起来就会非常棘手。但在实际处理中我们发现,一份数据中的很多属性是与预测结果完全无关的,若将它们筛选掉,将更有利于分类。也就是说,可以预先对原始数据进行降维处理,只保留高维度数据的一些重要特征,而去除噪声和不重要的特征,从而实现数据处理速度的提升。在实际生产中,在一定的信息损失范围内,降维可以节省大量的时间和成本。

降维技术分为线性降维技术和非线性降维技术两类,下面介绍线性降维技术中典型的两种。

线性降维技术通过特征的限定组合,把数据投影到低维线性子空间,以此达到降维的目的。代表方法有两种:一种是主成分分析法(principal component analysis,PCA),另一种是线性判别分析法(linear discriminant analysis,LDA)。限于篇幅,此处只进行简单的介绍。

PCA 在尽可能地保留较多原始特征信息的基础上,基于方差最大化原则,将原始的高维特征重新组合后在低维空间上表达出来,并提取出贡献率大的综合特征,从而实现降维。其将数据空间表示成矩阵的形式,通过标准化处理来求得矩阵的协方差矩阵,对协方差矩阵的特征值进行排序后计算出靠前的特征值对应的特征向量,并将它们构成一组线性无关的降维矩阵,从而实现高维空间到低维空间的映射[4]。

PCA 是一种无监督线性降维方法,它使用数据迁移重构的思想,使数据在每一次投影映射后,都能够保存最有利的数据信息。基于重构的思想对数据进行降维,可以尽可能多地保留数据的信息。PCA 选择投影后方差最大的方向对数据进行投影,然后将问题归结为求取特征值和特征向量的问题,实现起来比较简单,无须迭代就可以得到全局最优解。

LDA 是一种经典的有监督学习算法,既可以用来对数据进行降维,也能够作为分类器进行预测分析。实际中的信号大多是非线性、多维度且不平稳的,利用 LDA 算法可以对提取到的特征矩阵进行降维优化。LDA 是将一组线性且可分的数据进行低维度投影,从中找出最优的投影矩阵,让不同类别数据之间的距离尽量远,同类别数据之间的距离尽量近,达到类内离散度最小、类间离散度最大的标准后,再利用该投影矩阵对原始数据进行降维处理,从而得到具有良好可分性的低维度样本集,用于后续的分类建模和预测[5]。

LDA 基于分类的思想对数据进行降维,即希望不同维的数据在降维后间距尽可能地大,在分类方面一般比 PCA 效果好。

参考文献

[1]李成强.基于深度学习的化合物与蛋白质相互作用关系的研究[D].兰州:兰州大学,2019.

[2]周志华.机器学习[M].北京:清华大学出版社,2016.

[3]李嘉莹,赵丽,边琰,等.基于 LDA 和 KNN 的下肢运动想象脑电信号分类研究[J].国外电子测量技术,2021,40(1):9-14.

[4]王一溢,占继尔,陈泽龙,等.机器学习在心理测量中的应用[J].电脑知识与技术,2021,17(3):204-206.

[5]于若男.大数据在中小银行供应链金融业务中的应用[D].石家庄:河北经贸大学,2020.

第3章　大数据在电线电缆生产中的应用

3.1　行业概况

3.1.1　电线电缆的概念

电线电缆是一类电工产品,它的主要用途是实现电力、信息的传输和电磁能量的转换。长久以来,国内和国外的同行对该说法广泛认同,并不断引用。该说法既对电线电缆产品应用领域的宽度和广度进行了概括,又巧妙彰显了电线电缆在社会发展中的重要作用。电线电缆和我们的生活密切相关。随着人类社会的发展和城市现代化进程的加快,电线电缆将在基础设施中继续发挥重要作用,应用领域也将更加广泛。

3.1.2　电线电缆的发展过程

从早期简单的电线电缆产品到当今社会融合了诸多新技术、新手段的电线电缆产品,电线电缆的发展已经有两百多年的历史。

3.1.2.1　国外电线电缆的发展史

在国外,电线电缆起源于 18 世纪 40 年代的德国。1744 年,德国人温克勒把电火花通过裸电线进行传输,并且能够传输到很远的距离,由此宣布了电线的诞生。随后,美国人富兰克林于 1752 年发明了避雷针,该发明的一个特点是借助电线将避雷针接地,从而实现了电线的第一次实用化,这也意味着电线电缆正式进入实用领域。进入 19 世纪,电线电缆行业迎来了大发展。在该世纪,英国人格雷发明了世界上第一根有绝缘层的电线,他是把未硫化的橡胶包覆到铜线上而实现的;之后,伟大的发明家爱迪生发明了另一种以黄麻沥青为绝缘材料的绝缘电缆;1895 年,美国首次制成了架空铝线。到 1917 年,英、美、德、日等国家接连生产出了油纸绝缘的电线电缆。1957 年,美国通用电气(GE)公司首先采用过氧化物蒸汽交联方式生产交联电缆。

3.1.2.2 国内电线电缆的发展史

和国外电线电缆行业的发展相比,我国在这方面的起步较晚。我国第一根地下电力电缆于 1897 年在上海投入使用。直到 42 年后的 1939 年,我国才生产出了首根自己的电力电缆。新中国成立之前,我国电线电缆行业的从业者较少,生产设备均为小型化设备,所以发展得很缓慢。直到新中国成立后,有了工业需求和政策支撑,我国的电线电缆行业才迎来了快速发展的局面,相关部门在全国各地建厂,并进行技术培训和标准制定,电线电缆的产量也较之前有了大幅增长。

改革开放以来,跨地区、跨行业的企业得到了快速发展,国家经济更加繁荣,人民的衣食住行都发生了很大的变化。20 世纪 90 年代以前,国有企业一直在我国的电线电缆行业中占据绝对的主导地位。但随着改革的深入推进,国有企业所占比重逐渐减小,民营企业一跃而起,且占比逐步上升。在每一个五年计划的发展进程中,我国的电线电缆行业都有了较大的进步。

3.1.3 电线电缆行业市场分析

3.1.3.1 国外电线电缆行业市场分析

得益于工业革命开始得较早,欧美国家的电线电缆行业起步较早且技术也较为领先。20 世纪末,欧美国家的电线电缆产业链已经发展得相对成熟,且很好地满足了当时欧美国家的需求。到今天为止,欧美国家的电线电缆行业在全球仍然占据着重要的地位,引领着行业的发展,且基本垄断了全球高端市场。但随着市场对电线电缆产品的需求逐渐下降,国外的电线电缆行业也进入了缓慢发展时期。

目前,全球电线电缆行业已进入稳定增长阶段,各国和各企业之间存在的良性竞争关系为电线电缆行业注入了新的市场活力。

3.1.3.2　国内电线电缆行业市场分析

目前,我国已成为全球电线电缆消耗量最大的国家之一。电线电缆产业是我国仅次于汽车产业的第二大产业。我国电线电缆行业的产品种类齐全,在国内市场的占有率超过了 90%,其工业总产值占 GDP 的 2% 左右,并且该比例是基本稳定的。这充分彰显了电线电缆行业在国民经济中的重要地位[1]。

从产品类型和技术方面来看,电线电缆按电压等级分为低压电缆、中压电缆、高压电缆和超高压电缆。在这些电缆类型中,低压电缆的产量占比最高。从产品的市场应用情况来看,电线电缆可分为陆上使用、地底使用和海底使用,其中陆上使用的电缆产量占比最高。

从发展趋势来看,传统的电线电缆产品,比如漆包线、电气装备使用的电线电缆的占比正逐渐下降,而电力电缆、通信电缆的占比正逐步上升,对特种电缆产品的需求也不断增加。

"一带一路"倡议、"互联网＋"和"中国制造 2025"等理念的提出,为我国的电线电缆行业带来了新的发展机遇。

(1)"一带一路"倡议带来的发展机遇:"一带一路"倡议中有一个建设项目是基础设施的互联互通,且该项目处于优先发展的地位。那么毫无疑问,最大的受益行业之一将是电线电缆行业。基础设施的互联互通是指对响应"一带一路"倡议的所有国家进行跨边境的光缆通信网络建设,也包括跨边境的输电通道建设以及一切和电相关的工程,这会在很大程度上提高对电线电缆的需求量,使电线电缆行业进入一个蓬勃发展期。

(2)"互联网＋"带来的发展机遇:"互联网＋"和电线电缆行业的结合,对于电线电缆行业的企业供应商和采购商来说都有益处。

"互联网＋"会将信息进行整合,使信息在网络上自由地流通,从而充分调用一切可用的资源。也就是说,"互联网＋"会使电缆的工程项目、供应商和采购商更紧密地联合起来,实现信息的即时共享。这同时也将拓宽电线电缆产品的销售渠道,因为一些订单可以直接在网络上完成,省去了面谈的复杂流程,从而使企业更快地转型升级。

(3)"中国制造2025"带来的发展机遇:随着经济全球化和科技的飞速发展,我国的自然资源面临着严峻的形势,在此背景下,人与自然和谐共生的科学发展理念被提出。该理念的提出将推动我国的电线电缆行业不断进行产业结构优化和改革,未来的电线电缆产品将更加节能环保,以顺应形势的发展。

3.1.4 电线电缆的重要作用

3.1.4.1 不可缺少性

只要是有人生活的地方,无论是有生产、交通及经济活动的场合,还是在探索宇宙、探索海洋、探索地心等一切需要探索、开发的活动中,又或者是在科研项目的某个实验活动中,都离不开电。凡是需要电力的地方,电线电缆就一定会存在。可以说,电线电缆是电力行业不可缺少的重要物质基础。

3.1.4.2 基础配置作用

电线电缆行业虽然只是众多行业中的一个,且不是主流行业,但其占据了中国电工行业1/4的产值。电线电缆行业的产品种类极为丰富,且涉及众多的行业和领域。可以说,无论是海洋领域(潜艇、军舰)、陆地领域(火车、地铁)还是航空航天领域(飞机、航天飞船、载人火箭),几乎所有的地方都在使用着功能不同的电线电缆产品。由此可知,电线电缆行业与各个部门都息息相关。随着物质生活水平的不断提高,人们对生活质量的要求也越来越高,对各方面的需求也越来越多,这都在促使电线电缆行业不断进行革新[2]。

3.1.4.3　对国民经济的重要性

目前,我国电线电缆行业的工艺装备水平和产品技术水平都达到了世界先进水平,这也奠定了电线电缆行业在我国国民经济中的重要地位。国民经济的快速发展和人们生活水平的不断提高,直接影响着对电线电缆产品的需求,同时,基础性建设的投入量也将直接影响到对电线电缆产品的需求[2]。

电线电缆行业经常被用"神经"和"血管"这两个词语来形容,这足以看出该行业在国民经济中的重要支撑作用。电线电缆行业作为国民经济的重要配套行业,与国民经济的发展有着密切的联系。电线电缆行业的稳定发展将会促进国民经济的健康发展。目前,我国电线电缆行业的年产值已突破万亿元,且行业规模和产销量都达到了全球最高水平。但随着国民经济逐渐进入缓慢增长阶段,以及供给侧结构性改革的进行和市场的逐渐饱和,我国的电线电缆行业将向着高质量发展的目标迈进。

3.1.5　电线电缆生产中存在的问题

3.1.5.1　行业发展现状

(1)市场集中度仍然偏低:据统计,我国的电线电缆制造企业虽然数量很多,但这些企业大都规模比较小。大型电线电缆企业相比于小型电线电缆企业有更多的优势。虽然近年来大型企业的销售收入占比每年都在增加,但基本还是维持在20%以下。这些情况虽然说明电线电缆行业的市场集中度有所上升,但从总体上看依然偏低。

(2)发展后劲不足:据相关统计,我国电线电缆行业的总产量很高,但是90%以上的产能集中在低端产品上,对于这些产品投入的研发经费甚至还不到产品销售额的1%。这导致目前在航空航天、军工等高端领域,国内的电线电缆产品难以满足需求,主要还是依赖进口,发展受制于人。此外,我国在电线电缆行业的科研投入不足,缺乏具有创新能力的高素质人才,且核心技术难以实现突破。

（3）私营企业占主导：据权威统计，在我国的电线电缆行业中，私营企业、其他性质企业和外资企业占据了行业的主导地位，三者的占比合计在90％左右，其中私营企业的占比在一半左右。这促使电线电缆企业在不断的市场竞争中逐步提升电缆的质量，革新行业准则，从而开启更加美好的新发展篇章。

（4）特种电缆急需突破：由于特种电缆技术含量高、利润率高、门槛高、市场空间大等，毋庸置疑，其在未来的需求量将会越来越多，且应用也会越来越广泛。但目前我国电线电缆行业发展后劲不足，在研发特种电缆产品上面临着技术瓶颈，还做不到高端技术与国际接轨。国外电线电缆巨头掌握着生产特种电缆的关键技术，且高端市场也被他们主导着，在这种不利的局面下，我国的电线电缆生产企业必须积极培养人才，努力探索创新，争取早日突破高端市场的门槛，在高端市场占据一席之地。

3.1.5.2 产品的安全可靠性问题

在电力网络中，电线电缆产品按系统的大小、高低分级进行设置，并且顺着长度方向不断蔓延。电线电缆顺着长度方向分布于整个区域内的好处是，如果某个节点由于损坏无法正常工作，不会影响周围或者更远的其他节点。但这样的分布也有不足的地方，那就是电线电缆一旦出现故障就不能进行维修，只能更换[1]。

正是由于电线电缆产品具有以上特点，因此，如何生产出能够常年保持稳定可靠运行的电缆就显得尤为重要。像电影院、娱乐场所、居民区、学校等民用的低压电力系统中的电线电缆，与人民的生命财产安全有着密切的关系，因此产品的质量更加重要。据权威机构调查，在我国的电气火灾事故中，有80％涉及电线电缆，其中主要的原因是老旧建筑物中的电缆年久失修或未得到很好的维护，有些电缆甚至没有被维护过，或者是某些电线电缆本身的质量就不高，时间久了就会发生事故。

为了尽可能地减少这些事故的发生，减少电线电缆在生活中的安全隐患，电线电缆行业必须制定更高安全性和更高可靠性的标准，并将之应用于产品原材料选择以及生产、销售、安装、更换等诸多环节。这样也可以更好地保障电线电缆行业从业人员的安全。

3.1.5.3 产品的环保、可持续发展问题

随着各国对环保的重视程度逐步提高,对环保的规定和标准也越来越严格,且出台了非常多的环保政策,以促进产业优化。随着社会的发展,人们的环保意识不断增强,对环境和生活安全方面的要求也逐渐提高。相关环保法规的实施以及各国不断推出的环保检测认证,促使生产厂家进行产品生产时除了要关注产品质量,对产品的环保要求也要认真地考虑[1]。

但是,目前市场上大部分的电线电缆产品仍然以聚氯乙烯(PVC)作为绝缘或护套材料,而 PVC 并不环保,其配方中含有重金属、增塑剂等物质,会对人体健康造成一定程度的伤害。电线电缆行业想要在环保方面实现突破,还是要进行工艺和原材料上的调整。环保低烟无卤电缆料是目前市场上最好的电缆原材料选择,但此类材料我国目前主要依赖进口。高端电缆料只有解决了无卤阻燃电线电缆材料在各种热力学性能、电性能、无卤阻燃性能和加工性能之间的平衡问题,做到性能兼顾,其实用性才会更好[1]。

由于可持续发展涉及自然、环境、社会、经济、科技、政治等诸多方面,因此,研究者站在不同的角度,对可持续发展所下的定义也不同。很多科学家认为,可持续发展就是使用更清洁、效果更明显的技术,尽可能地接近"零排放"的目标,并使用更恰当的工艺和方法,尽可能地减少对能源和其他自然资源的消耗。从某个节点开始,可持续发展问题成了全世界都关心的焦点问题,成了工业领域面临的最大挑战之一,并受到越来越多的学者和实践者的关注,越来越多的企业意识到,实现经济发展的同时必须注重生态保护。如今,随着利益相关者施加的环保压力不断增大,一个企业如果想在激烈的市场竞争中存活,必须坚持实施可持续发展战略[3]。

可持续发展问题已经成为电线电缆行业的一个主要关注点,因为电线电缆公司在能源使用效率方面对可持续发展有潜在的贡献。电线电缆行业由众多中小企业组成,而中小企业面临着高能耗、低产能的问题。与

大企业相比,中小企业由于资源匮乏,更难成为可持续发展的企业。因此,有必要采取适当的措施来促使电线电缆行业的中小企业实现可持续发展。

可持续发展包括经济、环境、社会三个方面的可持续发展,它们相互联系、相互制约,符合自然辩证法的论断。有许多指标能够从不同方面评价可持续发展的效果,即可持续发展的水平。虽然过去的工作已确定了影响可持续发展效果的因素,但很少有研究采用更全面的观点,将环境和环境工程与组织结合起来进行分析[3]。

3.2 大数据需求分析

3.2.1 电线电缆行业与大数据相结合的背景

3.2.1.1 行业集中度不足

据统计,国内 90% 以上的电线电缆企业属于中小型企业,大型企业的市场份额占比较低[4]。而美国排名前十的电线电缆企业在美国国内电缆市场上的份额达 70% 以上,日本排名前六的电线电缆企业在日本国内电缆市场上的份额达 65% 以上。中国尽管是电缆产品制造大国,但产业集中度较低,整体规模偏大,且和电线电缆产业强国之间还存在较大差距,在全球激烈的市场竞争中不占优势。

3.2.1.2 产能过度膨胀

自 2008 年国际金融危机以来,在"扩大内需,保持增长"政策的指引下,国内各级政府展开了新一轮投资热潮,超高压输电、特种设备以及光纤等诸多产品领域持续拓展产能。有统计资料显示,当前国产电线电缆设备平均利用率约 30%,和发达国家 70% 以上的平均利用率相比存在较明显的差距[5]。

"十三五"期间,很多产业在运营阶段肩负着提升设备产能与强化市场竞争力的双重压力,一些生产中低端产品的企业在发展阶段出现了产能过剩的问题。

3.2.1.3　技术创新能力不够

国内电线电缆产业投入的研发经费平均值在销售额中所占比例还不到 1％，电线电缆企业 90％以上的产能集中在低端产品上[6]。从整体上分析，产业技能、自主创新能力发展落后于生产规模拓展进程，受技术工艺水平、有关材料、配套设施等诸多条件的制约，国内企业对产业价值链高端产品的研发力度不足，进行实质性突破的发展存在较大难度。在基础科研、应用研究及核心技术重要流程等方面，和发达国家相比还有较大差距。业内对高新电缆产品的开发、创新力度不足，这是造成电线电缆产品高度同质化的内在原因之一，因此很多电线电缆制造企业为在市场上占据一定优势，通常会采用压低产品价格的方法[7]。

3.2.1.4　其他因素

电线电缆制造业目前仍属于劳动密集型行业，产品型号和规格众多，生产加工工艺烦琐，自动化、智能化、信息化的"三化"运用已是必然趋势。如何实现精细化生产，提高生产效率和最终的产品质量，目前国内乃至国际上尚无成熟的解决方案。

电力电缆具有稳定可靠、美化市容、故障率及受损率低等优点，是一个城市输送电力的"大动脉"。而在实际生活中，电缆却存在着故障诱发因素多、检修开挖成本大、运行时间久、负荷电流大等影响因素，这使得人为建立模型并预测电缆故障的发生规律非常困难。另外，实际工作中电力电缆的检修和维护通常采用定期维护、高峰用电前大检修等方式，并不具有较强的针对性，存在着盲目检修、运维人力不足等问题[8]。

3.2.2　需求分析

在如今的工业 4.0 时代，在席卷全球的产业结构大变革的浪潮下传统制造行业的劣势越来越明显。低成本已经不再是我国制造行业的优势，接下来，如何提高产品的生产效率、品质和可靠性，如何由"制造"完美地转变为"智造",如何提高管理过程、生产过程的智能化水平,是企业发展的关键。

驻厂监造是目前电力公司对电力电缆生产厂家进行质量管理的重要手段,电力部门的监造人员通过检查厂家的生产工艺流程、见证出厂试验来监督电力电缆的生产质量。但监造工作在实际开展中通常会遇到以下问题:电缆生产涉及多道工序,监造点分布于车间的各个工位,且生产线24小时不间断工作,监造人员往往难以做到完整地监督电缆生产全过程;监造工作强度大,人员出差频繁,电力公司需要投入大量的人力、物力;在监造人员离厂后,电力公司无法掌握电缆生产过程中可能产生的缺陷,对电缆产品质量的追溯缺乏有力的手段[9]。

基于上述情况,将现代网络技术与监造活动相结合,通过远程监测电力电缆生产过程和出厂试验的关键项目,可以有效地解决现阶段驻厂监造存在的问题。

可通过以下措施构建电力电缆生产质量远程监测系统:①选取需要监测的电力电缆生产和试验关键项目,确定监测对象;②对各监测项目产生的海量数据进行数字化采集,并存储于工厂的数据仓库;③应用互联网技术,实现远程监测中心对工厂数据仓库的实时访问[8]。

同时,可在以下领域实现工业经济与信息技术的深度融合:

(1)在特种电缆生产的全流程中,通过建立统一的集中控制平台,打通设备单项运作节点,消除信息系统孤岛,完成制造过程全环节的高效协同与集成,从而在同行业中起到引领示范的作用。

(2)在电线电缆生产全流程中实现数据深度挖掘与应用,通过工业大数据分析与工业物联网的深度融合和高阶应用,实现挤塑、成圈等关键工序与检测、测试的相关性智能化分析,以及工艺优化、能源管理和设备健康管理,对制造业企业起到样板示范作用。

(3)在智能制造领域广泛应用数字孪生技术,通过数字孪生技术的实践与应用,促使物理工厂与虚拟工厂双向交互映射,实现生产与管控的最优化。同时,提升制具的寿命、工艺稳定性,减少产品缺陷。

3.3　具体应用案例

3.3.1　概述

电线电缆的生产设备主要包括放线设备、挤出机组、检测设备、冷却设备、印字设备、牵引装置、收线设备[10]。挤出过程是电线电缆生产过程中尤其重要的环节。在电线电缆的挤出过程中,线径大小是重要的评价指标。图 3.1 所示为宝胜(山东)电缆有限公司生产电线电缆的挤出机。

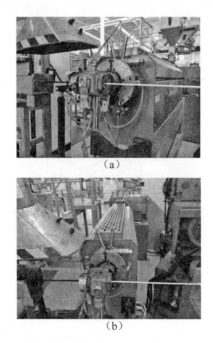

(a)

(b)

图 3.1　宝胜(山东)电缆有限公司的挤出机

在数字化生产过程中,可以通过挤出机组的生产数据预测线径大小,从而为提高生产质量提供依据。线径预测模型的构建作为线径大小估计的关键步骤,对其进行研究具有重要的价值和意义。下面以宝胜(山东)电缆有限公司挤出机的生产过程为例,对电缆挤出过程中线径预测模型建立常用的几种算法进行介绍。

3.3.2 线径预测模型建立过程中的常用算法

3.3.2.1 随机森林算法

随机森林(random forests, RF)是一种基于 bagging 集成策略的算法,具有强大的泛化性能。随机森林模型的构建过程如图 3.2 所示。首先使用自助采样法生成 n 个样本集,然后基于每个样本集分别构造决策树。在决策树生成过程中,对特征进行随机采样,在抽取的特征中寻找最优的划分特征进行节点的分裂。最后集成所有决策树的结果作为模型预测输出。对于分类任务,通过每个基决策树投票的方式得到输出结果;在回归任务中,则对所有决策树的预测结果取平均值,从而获得模型的最终结果。本案例需要完成的是回归任务,因此选用回归树作为基模型,将所有回归树的输出取平均值即可得到模型的预测结果。

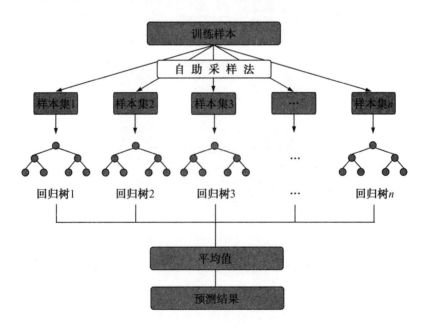

图 3.2　随机森林模型的构建过程

在随机森林模型的构建过程中,通过对训练样本和特征向量的分量进行随机采样,可以提高基决策树的多样性,防止其出现过拟合问题,从而使随机森林模型具有极强的泛化能力。随机森林模型的准确性取决于单个决策树的性能以及任意两个决策树之间的相关性,因此基决策树的数量以及抽取的特征子集大小是随机森林模型中最关键的参数,增加这些参数可以提高模型预测的准确性。

图 3.3 所示为随机抽取 50 组数据建立的随机森林模型的预测值与真实值对比。

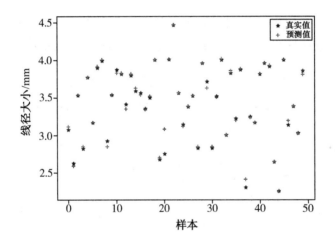

图 3.3　随机森林模型的预测值与真实值对比

3.3.2.2　梯度提升决策树算法

梯度提升决策树(gradient boosting decision tree,GBDT)是一种强大的 boosting 集成算法,其基于梯度提升技术集成多个回归树以获得强学习器[11]。GBDT 通过串行的方式迭代生成基回归树,每个新的树模型都是拟合前面迭代模型的残差进行训练,进而降低集成模型的预测偏差。GBDT 的迭代公式为

$$F_i(x) = F_{i-1}(x) + h_i(x; a_i) \tag{3.1}$$

式中,$F_i(x)$ 为第 i 步所有基回归树构成的模型;$h_i(x; a_i)$ 为第 i 步所

构造的基回归树,其中 a_i 为模型参数。回归提升树的损失函数为平方损失,即

$$\text{Loss} = L[F_i(x), y] = \frac{1}{2}[F_i(x) - y]^2 \tag{3.2}$$

式中,y 为样本真实值。进一步求 $F_i(x)$ 关于 a_i 的偏导数,可得

$$\frac{\partial \text{Loss}}{\partial a_i} = F_i(x) - y = F_{i-1}(x) + h_i(x;a_i) - y \tag{3.3}$$

要使经验误差最小化,可令上述偏导数为零,即

$$h_i(x;a_i) = y - F_{i-1}(x) \tag{3.4}$$

由此可见,每一步构造的回归树都是拟合前面所有模型累加结果的残差。GBDT 将所有基回归树的结果求和作为模型的最终输出,即

$$F(x) = F_0(x) + \sum_{i=1}^{n} h_i(x;a_i) \tag{3.5}$$

图 3.4 所示为随机抽取 50 组数据建立的 GBDT 集成模型的预测值与真实值对比。

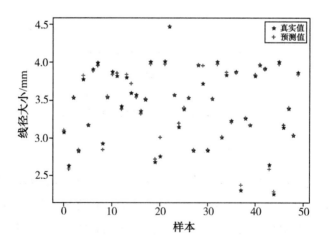

图 3.4　GBDT 集成模型的预测值与真实值对比

3.3.2.3　LightGBM 算法

LightGBM 是一种高效实现 GBDT 算法的框架,因其具有极好的训练效率和预测精度而被广泛应用于各种机器学习任务中。LightGBM 采用单边梯度采样(gradient-based one-side sampling,GOSS)和互斥特征捆绑(exclusive feature bundling,EFB)技术,解决了 GBDT 的计算复杂性问题[10]。在模型训练过程中,梯度小的样本训练误差也较小,说明该样本数据已被模型较好地学习。GOSS 通过保留具有大梯度的样本并随机放弃小梯度的样本来减少训练样本的数量,其在保证精度的前提下降低了数据规模。EFB 则是从减少特征数量的角度出发,对互斥的特征(即不同时为非零值的特征)进行捆绑,这种捆绑不会丢失信息,且可有效降低特征的维度。

在决策树的分裂过程中,LightGBM 使用直方图(histogram)算法寻找最优的划分节点。直方图算法的基本思想是将连续的特征值离散化,以离散化的值作为索引在直方图中累积统计量,然后根据直方图的离散值遍历寻找最优的分裂节点。基于离散化的特征值寻找分裂节点不仅能够提高搜索的速度,同时还可以有效地防止出现过拟合问题,增强模型的泛化性能。

大多数决策树模型使用如图 3.5 所示的按层生长(level-wise)的策略进行树的分裂生长,该策略不加区分地同时分裂同一层的叶子节点,实际上很多叶子的分裂增益较低,无须进行分裂,因此造成了计算资源的浪费。而 LightGBM 使用如图 3.6 所示的按叶生长(leaf-wise)的策略构造决策树,该策略每次从当前所有叶子节点中寻找分裂增益最大的节点进行分裂,如此循环生成决策树。相较于 level-wise 策略,leaf-wise 策略在分裂次数相同的情况下,能够降低更多的误差,获得更好的精度。但 leaf-wise 策略的缺点是容易长出比较深的决策树,产生过拟合。因此,LightGBM在 leaf-wise 策略之上增加了一个最大深度的限制,在保证模型高效率的同时可防止模型过拟合。

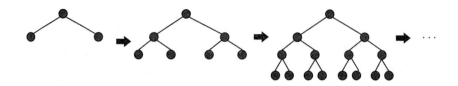

图 3.5 level-wise 决策树生长策略

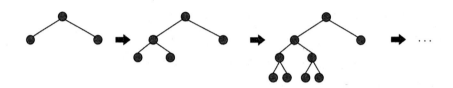

图 3.6 leaf-wise 决策树生长策略

图 3.7 所示为随机抽取 50 组数据建立的 LightGBM 集成模型的预测值与真实值对比。

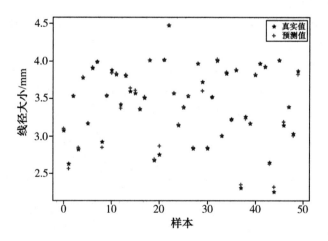

图 3.7 LightGBM 集成模型的预测值与真实值对比

3.3.2.4　k 近邻算法

k 近邻(k-nearest neighbors,KNN)算法是一种简单的统计机器学习算法,可同时用于分类和回归任务的研究。对于回归任务,KNN 算法将目标点的 k 个最近邻点的平均值作为目标点的属性值来实现回归功能,适宜解决非线性问题。用于衡量预测点和每个训练点之间距离的方法包括欧式距离(Euclidean distance,ED)和曼哈顿距离(Manhattan distance,MD),计算公式分别为

$$ED = \sqrt{\sum_{d=1}^{n} (x_{1d} - x_{2d})^2} \tag{3.6}$$

$$MD = \sum_{d=1}^{n} |x_{1d} - x_{2d}| \tag{3.7}$$

式中,x_{1d} 和 x_{2d} 分别表示两个 n 维数据点 x_1 和 x_2 在 d 维的数值。为避免数据值较大的变量在计算距离时占据主导地位,带入量纲影响,在使用 KNN 算法之前需要对数据进行归一化处理。

在 KNN 算法中,最近邻点的个数 k 是最重要的参数,因为不同大小的 k 值对模型的效果影响较大。在使用 KNN 模型进行预测时,可使用权重函数获得近邻点的加权平均值,作为目标点的预测值,以提高模型的预测精度。权重函数根据距离的倒数对近邻点的贡献进行加权处理,公式为

$$y' = \frac{\sum_{i=1}^{k} \omega_i \cdot y_i}{\sum_{i=1}^{n} \omega_i} \tag{3.8}$$

$$\omega_i = \frac{1}{d(x', x_i)} \tag{3.9}$$

式中,y' 为目标点 x' 的预测值;y_i 为第 i 个近邻点 x_i 的属性值;ω_i 为以目标点和近邻点距离的倒数计算得到的权重系数。

图 3.8 所示为随机抽取 50 组数据建立的 KNN 模型的预测值与真实值对比。

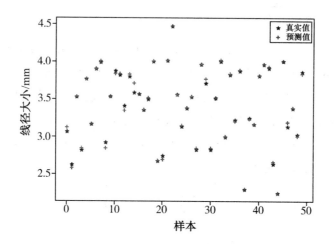

图 3.8　KNN 模型的预测值与真实值对比

3.3.2.5　stacking 集成算法

Stacking 集成算法是一种效果突出的算法,其通过元学习器自动融合多个基学习器的学习优势,以获得更好的预测性能。对于两层的 stacking 集成模型,第一层的基学习器基于原始训练集进行训练;第二层的元学习器将各基学习器的预测结果作为输入,对它们进行融合,元学习器的预测结果为整个 stacking 集成模型的最终输出结果。第一层的各基学习器提供模型的最佳估计;第二层需要选择合适的元学习器,以避免第一层过拟合。Stacking 集成中最关键的原则是要求基学习器"好而不同",即要求基学习器具有一定的准确性,且彼此间要存在差异。

本章使用 KNN、RF、GBDT、LightGBM 四种算法作为基学习器,并使用岭回归算法作为元学习器,构建 stacking 集成模型。其中,KNN 是基于距离度量的统计机器学习算法;RF 是基于 bagging 集成的树模型,可以减少预测结果的方差;而 GBDT 和 LightGBM 则是基于 boosting 集成的树模型,能够降低预测结果的偏差。这些算法基于不同的学习策略,同时具有较好的预测性能,满足了对基学习器的准确性和多样性要求。

选用岭回归算法作为元学习器,可以充分结合不同基学习器算法的预测优势,防止模型陷入过拟合,提高模型的预测性能。

图 3.9 所示为随机抽取的 50 组数据建立的 stacking 集成模型的预测值与真实值对比。

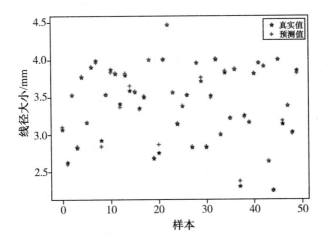

图 3.9　stacking 集成模型的预测值与真实值对比

3.4　应用效果

3.4.1　模型性能评估

本章分别利用 RF、GBDT、LightGBM、KNN 和 stacking 集成模型,对挤出机生产过程中产生的数据进行建模,并以测试集上的预测结果评价各模型的性能。

为方便对各个模型的效果进行比较,笔者选择平均绝对误差(mean absolute error,MAE)、均方误差(mean squared error,MSE)、均方根误差(root mean squared error,RMSE)、决定系数(coefficient of determination,R^2)、平均绝对百分比误差(mean absolute percentage error,

MAPE)、对称平均百分比误差(symmetric mean absolute percentage error,SMAPE)作为模型的评价指标。它们的计算公式分别为

$$MAE = \frac{1}{n} \sum_{i=1}^{n} |y_i - \hat{y}_i|^2 \tag{3.10}$$

$$MSE = \frac{1}{n} \sum_{i=1}^{n} (y_i - \hat{y}_i)^2 \tag{3.11}$$

$$RMSE = \sqrt{\frac{1}{n} \sum_{i=1}^{n} (y_i - \hat{y}_i)^2} \tag{3.12}$$

$$R^2 = 1 - \frac{\sum\limits_{i=1}^{n} |y_i - \hat{y}_i|^2}{\sum\limits_{i=1}^{n} |y_i - \bar{y}_i|^2} \tag{3.13}$$

$$MAPE = \frac{100\%}{n} \sum_{i=1}^{n} \left| \frac{\hat{y}_i - y_i}{y_i} \right| \tag{3.14}$$

$$SMAPE = \frac{100\%}{n} \sum_{i=1}^{n} \frac{|\hat{y}_i - y_i|}{(|\hat{y}_i| + |y_i|)/2} \tag{3.15}$$

式中,y_i 为真料值;$\hat{y}_i$ 为预测值;$\bar{y}_i$ 为平均值;n 为样本的个数。其中,MAE、MSE、RMSE 越小,表示模型的效果越好;R^2 越接近于 1,表示模型的效果越好;MAPE、SMAPE 取值为 0 时表示模型为理想模型,取值大于 1 时表示模型的效果不好。

对上述不同的评价指标,分别采用 RF、GBDT、LightGBM、KNN 和 stacking 集成算法建立的模型进行性能评估,得出的结果如表 3.1 所示。

表 3.1 模型性能评估

	RF	GBDT	LightGBM	KNN	stacking 集成
MAE	0.026 853	0.038 381	0.028 483	0.034 826	0.027 063
MSE	0.006 551	0.008 658	0.006 283	0.011 776	0.005 877
RMSE	0.08 094	0.093 046	0.079 267	0.108 517	0.076 662

	RF	GBDT	LightGBM	KNN	stacking 集成
R^2	0.970 502	0.961 018	0.971 709	0.946 978	0.973 538
MAPE	0.852 738	1.198 462	0.891 485	1.108 808	0.854 400
SMAPE	0.828 708	1.171 058	0.875 123	1.065 361	0.833 954

由表 3.1 可以看出,使用单独的算法进行建模时,LightGBM 模型对线径预测的 RMSE 和 MSE 最小,R^2 最大。这说明 LightGBM 模型具有强大的泛化能力,且对线径的预测具有一定的优势。RF 模型对线径预测的 MAE、MAPE、SMAPE 最小,说明 RF 算法在线径预测的建模过程中具有一定的优越性。对于 R^2 指标,stacking 集成模型的预测结果大于其他模型。从整体上看,融合了 RF、GBDT、LightGBM、KNN 四种算法的 stacking 集成模型对线径的预测误差相对较小,说明 stacking 集成模型具有更强的泛化能力。

3.4.2　企业应用展示

在智能制造技术不断发展的今天,将大数据技术应用到工业数字化进程中已经成为现实。许多制造企业在朝着生产数字化的方向不断努力。而在电线电缆生产中,生产数字化对提高产品质量更是具有里程碑式的意义。

图 3.10 所示为宝胜(山东)电缆有限公司生产车间的数据监控界面,该界面给出了生产过程中需要监控的运行设备的各项参数。图 3.11 所示为线径质量预测界面,以线径的大小作为评价线缆生产质量的重要指标。通过对生产过程中的数据进行分析,可以认为 stacking 集成模型对预测电缆线径具有很高的精度和很强的泛化能力。

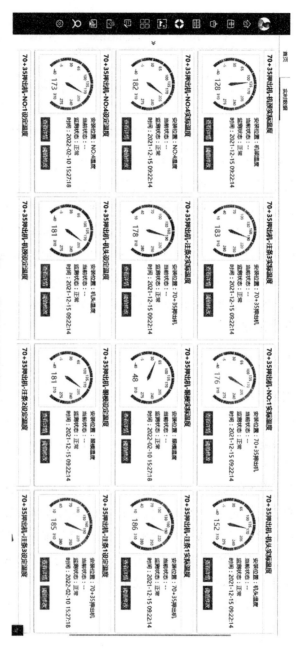

图3.10 数据实时监控界面

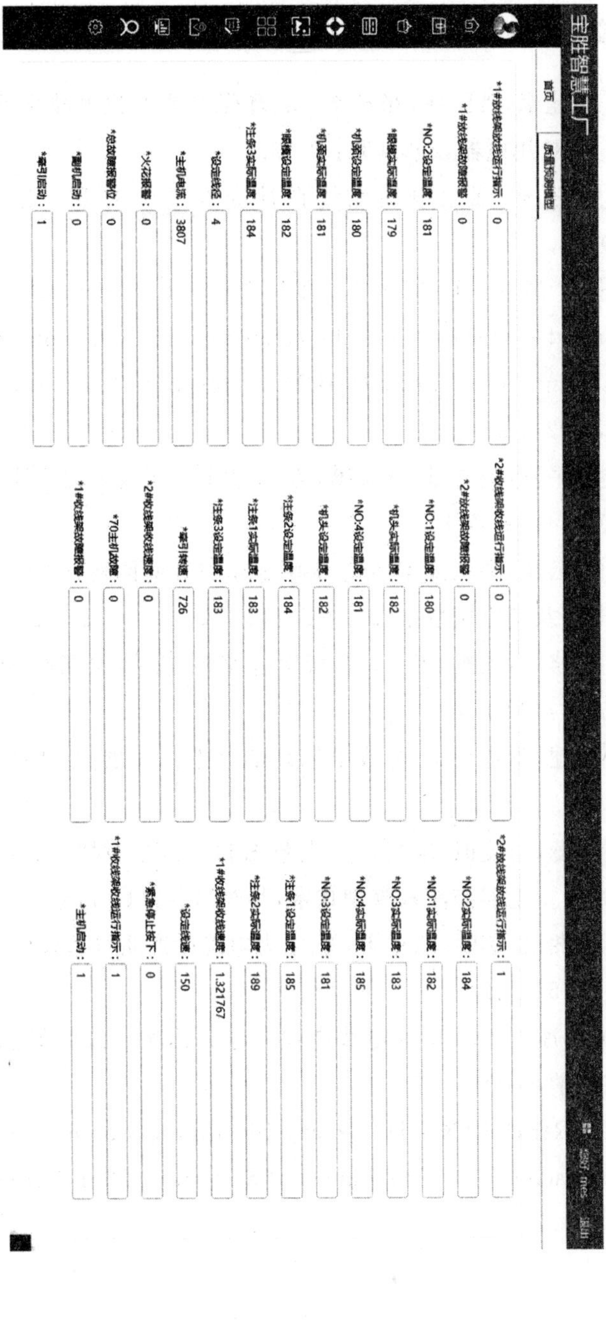

图3.11　线径质量预测界面

参考文献

[1]田建永,吕国伟,张浩杰,等.环保电缆料检测技术研究及认证发展现状[J].日用电器,2021(3):31-33.

[2]薛玉祥.浅论电线电缆在社会发展中的重要作用[J].活力,2013(1):43.

[3]LU M T, TSAI J F, LIN M H, et al. Estimating sustainable development performance in the electrical wire and cable industry: Applying the integrated fuzzy MADM approach[J].Journal of Cleaner Production, 2020, 277:1-3.

[4]赵平堂,凌文丹,李志攀,等.电动车高压线束的设计制造[J].汽车电器,2020,41(4):7-10.

[5]肖云涛,高江涛.消防系统用金属护套型预制分支电缆的制造[J].光纤与电缆及其应用技术,2020(2):43-44.

[6]项修波,王帆,王芳,等.新型电缆相位核对装置研制[J].科技风,2020,45(7):192-194.

[7]张建国,肖尚浩.电线电缆智能制造的发展[J].中国新技术新产品,2020(9):140-141.

[8]王蕊,俞凌枫,朱斌,等. 大数据和机器学习技术在电缆运维中的应用研究[J]. 电器与能效管理技术,2020(12):114-118.

[9]徐湘忆,李骥,胡正勇,等.电力电缆生产质量远程监测系统[J].电线电缆,2016(5):6-9.

[10]杨冰.6 mm² 以下电线电缆高速挤出生产线的研制开发[D].南京:东南大学,2008.

[11]FRIEDMAN J H. Greedy function approximation: A gradient boosting machine[J]. The Annals of Statistics, 2001,29(5):1189-1232.

第4章 大数据在视觉识别中的应用

4.1 计算机视觉概述

图像识别是视觉识别的基础,是一项非常专业的工作。采用大数据技术可以很好地识别出图像中包含的信息,提高图像处理的灵活性和效率。作为视觉识别的主要手段,计算机视觉近年来受到了越来越多的关注。

4.1.1 计算机视觉的概念

视觉是人类获取外部信息的最重要形式。据调查,80％以上的信息是通过视觉获取的。如今,随着科学技术的进步,计算机视觉、模式识别、计算机图形学、人工智能等得到了快速发展。其中,计算机视觉是一门研究如何使机器"看"的科学,也即指用摄影机和电脑代替人眼和人脑对目标进行识别、跟踪和测量等机器视觉过程,并进一步进行电脑图形处理,使其成为更适合人眼观察或传送给仪器检测的图像。计算机视觉研究的最终目标是使计算机像人一样通过视觉观察和理解世界,自主适应环境的变化。近年来,计算机视觉已成为计算机科学的重要研究领域。

4.1.2 计算机视觉研究现状

在过去几年里,基于大数据的深度学习算法已被证明在多个领域优于先前的相关技术,其中最突出的则为在计算机视觉领域的应用[1]。本小节将简要介绍计算机视觉中使用的一些深度学习方案。

深度学习允许由多个处理层组成的计算模型来学习和表示具有多个抽象级别的数据,模拟大脑如何感知和理解多模态信息,从而隐式地捕获大型数据的复杂结构。深度学习是一个丰富的方法家族,包括神经网络、分层概率模型以及各种无监督和有监督的特征学习算法。近年来,深度学习之所以引起了研究者的广泛关注且对它的研究热情高涨,是因为它已被证明在多项任务中优于以前的相关技术且不同来源(如视觉、听觉、医学、社交和传感器)的数据非常丰富。

创建一个模拟人脑的系统的想法推动了神经网络的初步发展。1943年,麦克洛奇和皮茨试图了解大脑如何通过使用相互连接的基本细胞(称为"神经元")来产生高度复杂的思维模式。M-P 模型的提出为人工神经网络的发展做出了重要贡献,其中卷积神经网络(convolutional neural network, CNN)LeNet 和长短期记忆(long short-term memory,LSTM)网络引领了当今的"深度学习时代"。深度学习最大的突破之一出现在2006 年,当时辛顿(Hinton)等人介绍了深度信念网络,其具有多层受限玻尔兹曼机,以无监督的方式贪婪地一次训练一层。使用无监督学习指导中间级表示层的训练,在每个级别本地执行,是一系列发展背后的主要原则,这些发展带来了过去十年深度架构和深度学习算法的激增[1]。

促使深度学习获得巨大发展的最突出因素是大型、高质量、公开可用的标记数据集的出现,以及并行图形处理器(graphics processing unit,GPU) 计算的赋能,这使得从基于 CPU 到基于 GPU 的过渡成为可能,从而显著增加了深度模型的训练效果。其他因素对深度学习的发展也起到了一定的作用,如为了缓解由饱和激活函数(如双曲正切函数和逻辑函数)脱离而导致的梯度消失问题,新正则化技术(如辍学、批标准化和数据增强)以及深度学习框架 TensorFlow、Theano 和 MXNet 的提出允许更快的原型设计。

4.2　大数据需求分析

4.2.1　计算机视觉大数据需求

近年来,随着大数据时代的到来和计算机的快速发展,与深度学习相结合的计算机视觉在图像分类、目标检测等领域取得了重大突破。卷积神经网络作为深度神经网络的一种,有很强的查找图像特征的能力,已成为当前图像识别领域的研究热点。总体来看,卷积神经网络近年来取得成功的三大支柱是大数据、大模型和大计算。大量的人工标注数据使有监督训练成为可能,更深、更大的模型提高了网络的识别能力,与 GPU 的结合和计算机硬件的迅速发展使大规模训练变得省时而有效。

目前,计算机视觉技术发展迅速,未来主要面临的挑战如下:第一,如何在不同的应用领域和其他技术更好地结合;第二,如何降低计算机算法的开发时间和人力成本;第三,如何加快新型算法的设计开发。计算机视觉在解决某些问题时可以广泛利用大数据,且可以超过人类。经过训练的模型推理效果较好,这一方面归功于先进的模型结构,另一方面归功于大量开源的图像数据。当前效果很好的模型都是在经典的图像数据集上训练而成的。一个完备的图像数据集是训练出良好模型的基础。

在实际的工业应用过程中,获取数据包括获取原始数据以及经过特征工程从原始数据中提取训练、测试数据。机器学习比赛中的原始数据都是直接提供的,但是实际问题中的原始数据需要自己获得。数据决定了机器学习结果的上限,而算法只是尽可能地逼近这个上限。由此可以看出数据在计算机视觉中的作用。总的来说,数据要具有"代表性",对于分类问题,数据偏斜不能过于严重,不同类别的数据数量不要有数个数量级的差距。不仅如此,还要评估数据的量级,如样本数量、特征数量,估算训练模型对内存的消耗。如果数据量太大,可以考虑减少训练样本、降维或者使用分布式机器学习系统。

此外,标准的图像数据集已成为检测模型精度的重要工具。一些比赛中就使用标准的数据集对选手的模型效果进行测试。图像分类是计算机视觉的挑战领域之一。如每年举办的赛事 ImageNet 大规模视觉识别挑战赛(ImageNet large scale visual recognition challenge,ILSVRC),就是让各种算法挑战分类极限。目前有很多用于图像分类的带标签数据集,如 ImageNet、CIFAR10/100、NORB、Caltech-101/256 等。ILSVRC使用的就是 ImageNet 数据集的子集,该子集包含 1 000 个分类、128 万张测试图片。

4.2.2　计算机视觉的应用场景

计算机视觉作为一种新兴的技术类型,受到了人们的广泛关注,并被应用于多种场景中。

4.2.2.1　对象检测

对象检测是与计算机视觉和图像处理相关的计算机技术,其处理的是在数字图像和视频中检测出的特定类别的语义对象(如人类、飞机或鸟类)的实例。在构建对象检测框架时应遵循三个步骤:首先,使用深度学习模型或算法在图像中生成一组边界框(即对象定位);其次,为每个边界框提取视觉特征,对它们进行评估,并确定框中是否存在对象以及存在哪些对象;最后,将重叠的框合并为一个边界框[即非最大值抑制(non-maximum suppression,NMS)]。

基于区域的卷积神经网络或具有卷积神经网络特征的区域(R-CNN)是一种将深度模型应用于目标检测的开创性方法。该方法检测对象的步骤如下:首先,使用区域提议方法(最常用的方法是选择性搜索)提取可能的对象;其次,使用卷积神经网络从每个区域提取特征;最后,使用支持向量机对每个区域进行分类。

大多数深度学习模型进行物体检测时使用的是卷积神经网络的变形,如弱监督级联卷积神经网络和子类别感知卷积神经网络。也有学者使用其他深度学习模型进行对象检测的尝试,例如,基于深度信念网络

(deep belief network,DBN)的粗目标定位方法用于遥感图像中的目标检测;用于 3D 对象识别的新深度信念网络,其中顶层模型是三阶玻尔兹曼机,使用混合算法进行模型训练;采用融合的半监督式深度学习模型。此外,利用堆叠自动编码器可进行医学图像中的多器官检测,以及基于视频的显著目标检测。

4.2.2.2　人脸识别

人脸识别已成为目前最热门的计算机视觉应用领域之一,具有巨大的商业价值。人脸识别的过程就是提取人脸特征的过程,即经过人脸检测之后将检测到的人脸进行特征提取,并和数据库中的人脸信息进行比较后完成匹配。与此同时,出现了各种基于特征提取的面部识别系统。卷积神经网络带来了人脸识别领域的变革,这要归功于它的特征学习性和平移不变性。卷积神经网络通过强大的学习能力,可以直接提取人脸图片的像素灰度值特征,从而达到人脸识别的目的。由于卷积神经网络的结构模仿的是人类大脑的工作方式,因此与传统的识别方法相比,其对外界的各种干扰因素有更好的鲁棒性,识别准确率也更高。

此外,谷歌(Google)的 FaceNet 和脸书(Facebook)的 DeepFace 都是基于卷积神经网络提出的。DeepFace 以 3D 形式对人脸进行建模并将其对齐,以显示为正面人脸,然后将归一化输入馈送到单个卷积-池化-卷积滤波器、三个局部连接层和两个全连接层,用于进行最终预测。尽管 DeepFace 有很高的准确率,但它的表示并不容易解释,因为在训练过程中,同一个人的面孔不一定是聚类的。FaceNet 在表示上定义了一个三元组损失函数,这使得训练过程可以对同一个人的面孔表示进行聚类。

4.2.2.3　人类活动识别

人类活动识别也是一个受研究人员广泛关注的研究领域。近年来,有许多相关文献提出了基于深度学习的人类活动识别。深度学习可用于对视频序列中的复杂事件进行检测和识别:首先将显著图用于检测和定位事件,然后将深度学习应用于预训练的特征,以识别基础事件。基于卷积神经网络的方法可以进行沙滩排球等活动的识别,类似于用于大规模视频数据集的事件分类;卷积神经网络模型也被用于基于智能手机传感器数据的活动识别。将正则化项纳入深度卷积神经网络模型,可以有效提高卷积神经网络对活动分类的泛化性能。在一些研究中,研究人员仔细审查了卷积神经网络作为细粒度活动的联合特征提取和分类模型的适用性后发现,由于类内方差大、类间方差小以及每个活动的训练样本有限,因此在支持向量机分类器中直接使用从 ImageNet 学习的深度特征的方法是更可取的。

4.2.2.4 人体姿态估计

人体姿态估计的目标是从图像、图像序列、深度图像或运动捕捉硬件提供的骨骼数据中确定人体关节的位置。由于人体轮廓和外观范围广泛、光照困难和背景杂乱,因此人体姿态估计是一项非常具有挑战性的任务。在深度学习时代之前,人们主要是基于对身体部位的检测进行人体姿态估计。

基于深度学习的人体姿态估计方法可以分为基于整体的方法和基于部位的方法,具体采用哪种方法取决于输入图像的处理方式。基于整体的方法倾向于以全局方式进行处理,且不为每个单独的部分及其空间关系明确定义模型。DeepPose 是一个整体模型,它将人体姿态估计表述为联合回归问题,并且没有明确定义人体姿态估计的图形模型或部分检测器。然而,由于难以对图像中复杂的姿态向量进行直接回归,因此基于整体的方法往往会受到高精度区域不准确的困扰。

另外,基于部位的方法侧重于单独检测人体部位,然后结合空间信息定义图形模型。该方法可以不使用整个图像,而是使用局部补丁和背景补丁来训练卷积神经网络。训练多个较小的卷积神经网络以执行独立的二元身体部位分类,然后使用更高级别的弱空间模型去除强异常值,并强制执行全局姿势一致性,最后对每个身体部位执行热图似然回归并定义隐式图形模型,以进一步促进关节一致性。

4.2.2.5　视觉跟踪

基于对象检测,研究人员提出了"视觉跟踪"的概念,用于检测、提取、识别和跟踪图像序列中的运动对象。通过提取和跟踪,可以获取相关参数(尤其是运动参数,如位置、速度、加速度等)。接下来,对这些参数进行处理和分析,以了解运动目标的行为。如今,视觉跟踪通过融合图像处理、模式识别、人工智能、自动控制等技术,有望应用于雷达制导、航空航天、医疗诊断、智能机器人、视频压缩、人机交互、教育娱乐等领域,具体如下[2]:

(1)智能视频监控(intelligent video surveillance,IVS):IVS 是一种自动调查系统,可以实时监督检查目标在特定区域(例如安全部门、私人住宅和公共场合)的行为。通过对可疑行为进行识别,可以防止犯罪行为的发生。IVS 的主要功能是对视频中的目标进行检测、识别和跟踪,其中行为识别是 IVS 中最难的。

(2)视频压缩/编码:在基于对象[H.265、高效率视频编码(high efficiency video coding,HEVC)等]的视频压缩中,编码计算主要应用于块匹配和过滤两个方面。因此,有必要将目标跟踪技术应用到编码方法中,这样,图像序列中的对象可以轻松快速地被跟踪,这不仅可以提高匹配速度和准确性,还可以提高编码效率、峰值信噪比(peak signal to noise ratio,PSNR),并降低误码率(bit error ratio,BER)。

(3)智能交通系统(intelligent traffic system,ITS):视觉跟踪在现代 ITS 中的应用非常广泛。应用视觉跟踪来跟踪检测到的车辆,可以计算车辆流量、路况和异常行为。对于车辆跟踪和交通监控来说,一个实时计算机视觉系统非常有用。一种实时跟踪和计数行人的新方法可以计算出行人的密度;应用于十字路口的行人检测、跟踪方法可以帮助车辆在十字路口安全行驶。

(4)其他应用:视觉跟踪还可以应用于许多其他领域。它不仅可以应用于军事方面,如导弹制导、雷达探测、无人机飞行控制、单兵作战等,还可以应用于现代医学。实际上,医学影像技术已成为医学临床诊断和治疗中的一项新技术。此外,视觉跟踪还可用于通过医疗保健终端改善使用者的健康状况和锻炼习惯,以及跟踪细胞中蛋白质应激颗粒的轨迹并分析细胞结构的动态特征。

4.3 具体应用案例

相比于传统的基于图像特征点的目标识别算法,基于卷积神经网络的目标识别算法特征提取的效果更好,识别检测的精度更高,模型泛化表达的能力更强[3]。本节以单步检测(single shot detection,SSD)算法框架为基准,对目标数据集进行训练预处理并加以扩充,融合多尺度检测,对骨干检测网络进行相应的设计和改进,从而提高目标识别算法的检测准确性。

4.3.1 目标样本处理

目标样本数据集是卷积神经网络研究的重要组成部分,尤其是训练数据集和验证数据集。数据集的好坏在一定程度上将直接影响研究效果的好坏。因此,目标样本在被输入到训练网络之前,对图像进行准确的数据标注和适当的预处理是至关重要的。

4.3.1.1 图像数据标注

图像数据标注的形式多种多样,按照标注形状的不同可分为矩形标注、圆形标注、轮廓线标注、三维立体标注等。因为矩形标注方法简单,包络性好,因此在图像标注中的应用较为广泛。本节也采用该方法对目标样本进行数据标注。目前常用的图像标注工具是 LabelImg(一款开源的图像标注工具)[4],它支持制作 VOC 格式的数据集,本节数据集亦为VOC 格式。

由于差速自动导引运输车(automated guided vehicle,AGV)底座较低,且多运行在平坦的路面上,摄像头在车体中的安装高度受到一定的制约,相机的有效视野也受到一定限制,因此,在本节的研究内容中,差速AGV 视觉识别与跟踪应用的主要目标是人体下半身。AGV 跟踪的视野主要是人体的背面,由于正面和背面特征的相似度较高,因此将下半身统一作为识别标签,以获取更加准确的多方向特征信息。本节研究的场景为智能物流工厂,根据实际情况,训练数据对象为身穿工装裤、牛仔裤等体型分辨鲜明的人体图像数据。

本节研究所使用的图像是通过大恒相机采集的,像素大小为 640×480,图像大部分来源于工厂车间、实验室。具体的标注过程如图 4.1 所示。

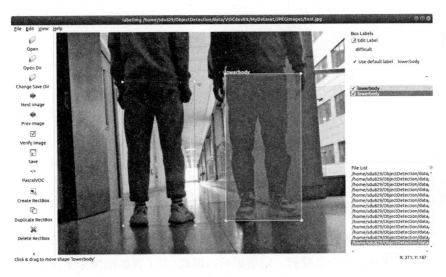

图 4.1 LabelImg 对人体下半身的标注

标注完成的图像数据主要包含图像名称、存储位置、图像尺寸以及目标的位置和大小等信息,具体的标注格式如图 4.2 所示。其中,〈size〉标签表示的是图像的像素大小和通道深度,〈object〉标签中包含标注目标的种类、名称及所处的位置、大小,多个目标依次排列。由于本节的研究目标是人体下半身,故标注信息中只含有"lowerbody"一类目标标签。

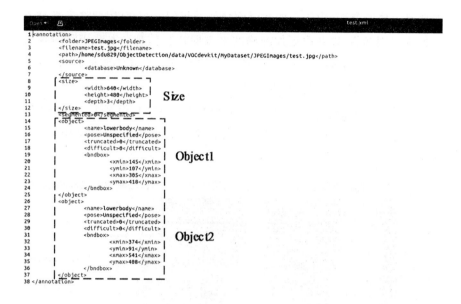

图 4.2　图像数据标注格式

4.3.1.2　图像识别预处理

在图像采集过程中,由于周围环境噪声的干扰和拍摄相机的抖动,图像的质量或多或少会受到一定的影响。因此,为了提高图像采集质量,增强对人体下半身的识别效果,对采集的图像进行预处理很有必要。本节主要进行的图像预处理包括平滑滤波和直方图均衡化。

(1)平滑滤波:图像的平滑滤波处理是指在保证图像中的特征质量尽可能不受到影响的前提下,对图像噪声进行抑制或消除,减少识别图像中随机颗粒式斑点的影响。本节通过反复测试不同滤波的效果,最终选择滤波核大小为 3×3 的中值滤波方法,以提高图像中人体下半身的边缘效果。假设某一像素点周围各个像素值的大小为 x,像素点中值滤波后像素值的大小为 y,将 x 值按大小进行排序后有

$$y = \mathrm{med}\{x_1, x_2, x_3, \cdots, x_n\} = \begin{cases} x_{\frac{n+1}{2}}, & n \text{ 为奇数} \\ \dfrac{1}{2}(x_{\frac{n+1}{2}} + x_{\frac{n}{2}+1}), & n \text{ 为偶数} \end{cases} \tag{4.1}$$

当在 3×3 范围内时,像素点中值滤波后的像素值大小为 x_5 所表示的像素值。从图 4.3 中可以看出,经过中值滤波之后,图像目标周围干扰明显减少,图像中的边缘线条轮廓感增强,便于后续处理。

（a）中值滤波前　　　　　　　　　（b）中值滤波后

图 4.3　中值滤波前后对比

（2）直方图均衡化:相机作为感光器件,在拍摄过程中难免会受到光线的影响,导致拍摄的图像亮度难以满足识别的需求,而直方图均衡化可以有效地解决这方面的问题。直方图均衡化是指通过扩大图像像素动态分布范围,使得像素分布更加均匀化,图像对比度增强,图像的目标部分更加显著。为了方便讨论,下面以彩色图像中的一个通道作为出发点展开叙述。

假设经过归一化的原图像像素值和经过直方图均衡化后的图像像素值分别为 src 和 dst,在 $[0,1]$ 范围内,src 和 dst 之间存在一种映射关系 H,即

$$dst = H(src), \quad src = H^{-1}(dst) \tag{4.2}$$

其中,当 $src \in [0,1]$ 时,$H(src)$ 为单调递增函数,可保证均衡化前后图像像素级的次序维持不变。同理,当 $dst \in [0,1]$ 时,$H^{-1}(dst)$ 也为单调递增函数。

设随机变量 src 和 dst 的概率密度函数分别为 $p(src)$ 和 $p(dst)$，随机变量 dst 的概率分布函数为 $F(dst)$，则有

$$F(dst) = \int_{-\infty}^{dst} p(dst) \mathrm{d}dst = \int_{-\infty}^{src} p(src) \mathrm{d}src \tag{4.3}$$

根据概率分布函数和概率密度函数的对应关系，对上式等号两边分别求导，可得

$$p(dst) = \frac{\mathrm{d}F(dst)}{\mathrm{d}dst} = \frac{\mathrm{d}\left[\int_{-\infty}^{src} p(src) \mathrm{d}src\right]}{\mathrm{d}dst}$$

$$= p(src) \frac{\mathrm{d}src}{\mathrm{d}dst} = p(src) \frac{\mathrm{d}src}{\mathrm{d}[H(src)]} \tag{4.4}$$

由式(4.4)可以看出，通过改变映射关系 H 可以改变原图像像素的概率分布密度 $p(src)$。当 $p(dst)=1$ 时，有 $\mathrm{d}dst = p(src)\mathrm{d}src$，等号两边积分可得

$$dst = H(src) = \int_{0}^{src} p(src) \mathrm{d}src \tag{4.5}$$

对于数字图像来说，由于像素值的分布是离散的，故根据离散型分布函数的特点，式(4.5)可转换为

$$dst_k = H(src_k) = \sum_{i=0}^{k} p(src_i) = \sum_{i=0}^{k} \frac{n_i}{N},$$

$$0 \leqslant src_k \leqslant 1, \quad k = 0, 1, 2, \cdots, N-1 \tag{4.6}$$

式(4.6)即为最终求得的原图像与直方图均衡化图像的映射关系，据此可以实现图像的增强效果。

图 4.4、图 4.5 所示为目标图像经过直方图均衡化处理前后的效果对比。由图可以看出，原图像在均衡化前的显示效果整体偏暗，红色(R)、绿色(G)、蓝色(B)三个通道的像素值分布不均匀，对比度不明显；在经过直方图均衡化后，目标图像的亮度得到了明显改善，三个通道像素值的分布范围扩大，涵盖了整个像素空间，各个区域之间的边界区分明显，尤其是图像中目标的线条轮廓得到了进一步增强，为后续的识别过程奠定了良好的基础。

（a）直方图均衡化前图像

（b）直方图均衡化后图像

图 4.4　直方图均衡化前后图像效果对比

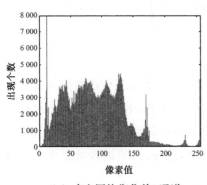
（a）直方图均衡化前R通道

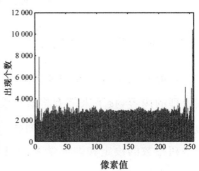
（b）直方图均衡化后R通道

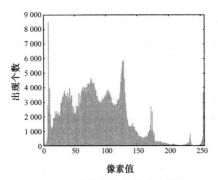
（c）直方图均衡化前G通道

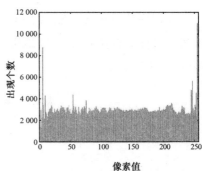
（d）直方图均衡化后G通道

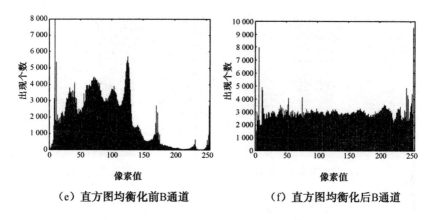

（e）直方图均衡化前B通道　　　　（f）直方图均衡化后B通道

图 4.5　直方图均衡化前后 R、G、B 三个通道的像素值对比

4.3.2　网络学习框架设计

前面介绍了有关卷积神经网络学习中图像数据标注和图像目标识别预处理的内容，接下来笔者将通过设计卷积神经网络学习框架，对标注好的目标样本数据进行训练，从而构建目标的识别模型。这其中包括一些网络超参数的设定和训练学习网络结构的设计，下面将对这些内容展开详细的介绍。

4.3.2.1　网络超参数的设定

在训练学习网络之前，需要对网络基本的超参数进行配置。针对本节研究目标的特性，经过不断地研究测试，最终确定的合适的超参数数值如表 4.1 所示。

表 4.1　网络超参数配置

参数名称	数值
分类数	2
训练批量大小	16

参数名称	数值
学习率	5×10^{-4}
迭代次数	$[150,180,200]$
学习率衰减	0.1
动量	0.9
权重衰减	5×10^{-4}

4.3.2.2　SSD 目标识别算法

SSD 是一个基于深层全卷积神经网络的一阶前馈检测框架,该网络产生一个固定大小的边界框集合,并对这些框中存在的对象类实例进行评分,然后通过非最大值抑制方法产生最终的检测结果。

图 4.6 展示的是 SSD 目标识别算法体系的框架。该框架使用高质量图像分类的标准网络——视觉几何组(visual geometry group,VGG)网络作为基础网络架构(见图 4.7),并将最后两层全连接层修改为卷积层。除此之外,还添加了额外的卷积层用于更低分辨率的特征提取,使得该框架成为全卷积网络,适应各种尺寸的图像输入,不再受制于输入图像的尺寸大小。

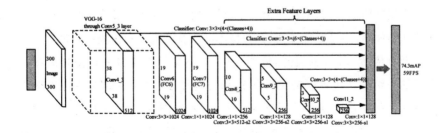

图 4.6　SSD 目标识别算法框架

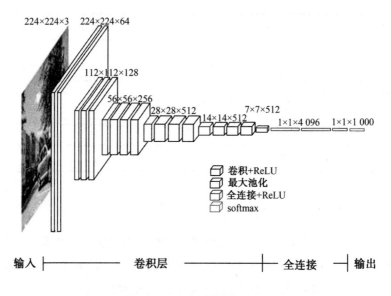

图 4.7　VGG 网络结构可视化

4.3.2.3　多尺度特征检测

当将一张目标图像输入卷积神经网络时,目标经历多层卷积层和池化层之后,会在不同的卷积层上输出不同大小的特征图,而不同大小的特征图中含有不同的目标特征,不同的目标特征对于检测过程起着不同的作用。为了实现高精度检测,SSD 向网络中添加辅助检测结构,以产生具有以下关键特征的检测:多尺度特征图、卷积预测器以及纵横比和预测回归框。

SSD 借鉴 VGG 的思想,使用 3×3 的小卷积滤波器来预测特征图上固定的一组默认边界框的位置偏移和类别置信分数,不需要对边界框内的特征进行重新取样。不同于单尺度预测[见图 4.8(a)],通过从不同尺度的特征图中产生不同尺度的预测,并且通过宽高比来明确地分离预测,可以实现高精度预测[见图 4.8(b)]。浅层卷积层对于边缘细节信息更加敏感,用来预测小目标;深层卷积层对于由复杂的特征组成的语义信息更加敏感,用来预测大目标。

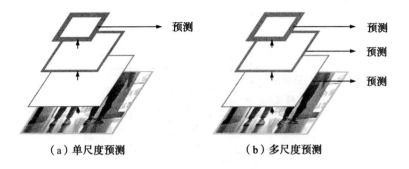

（a）单尺度预测　　　　　　　（b）多尺度预测

图 4.8　单尺度预测和多尺度预测

如图 4.9 所示，假设数据集中一共有 N 类物体，特征图的大小为 $m \times n$，那么特征图的每个像素位置都会预测 K 个回归框，而对于每个预测回归框来说，它也会预测属于 c 个类别的置信得分，以及它相对于真实框的四个偏移量 $\Delta(cx, cy, w, h)$。如此一来，一个特征图上便会生成 $(c+4) \times K \times m \times n$ 个预测量。

SSD 在训练过程中会预测出预测回归框与真实框之间的偏差值，以此更新模型权重参数。而预测回归框来源于 SSD 内部事先计算好的预选框，当预选框与真实框之间的重叠区域交并比（intersection over union，IoU）大于 0.5 时，则表示预选框与真实框匹配成功，可选定为预测回归框进行预测。预选框的生成机制如图 4.10 所示。

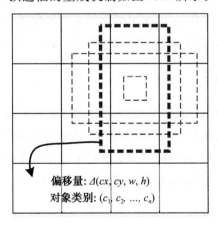

偏移量：$\Delta(cx, cy, w, h)$
对象类别：$(c_1, c_2, ..., c_n)$

图 4.9　特征图预测

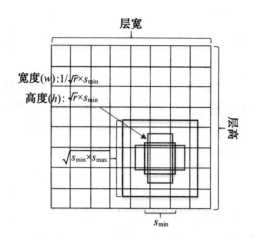

图 4.10　多纵横比预选框

假设训练识别过程中使用 m 个特征图进行预测,每个特征图中预选框的尺度计算如下所示:

$$s_k = s_{\min} + \frac{s_{\max} - s_{\min}}{m-1}(k-1), \quad k \in [1, m] \tag{4.7}$$

式中,$s_{\min} = 0.2$,$s_{\max} = 0.9$,即最浅层特征图中预选框的尺度为 0.2,最深层特征图中预选框的尺度为 0.9。同一层特征图上的多个预选框有着不同的纵横比(r),因此计算出的预选框的长和宽的值也不同。

通过这种多尺度特征图、多纵横比预选框的检测方法,将生成的特征预选框进行组合,可以涵盖输入图像中各种形状和大小的目标对象。

4.3.3　损失函数

在训练过程中,根据预测值和真实值之间的损失差,卷积神经网络的权重参数是不断更新的,这使得训练模型不断地向着真实值拟合。所谓的"损失",主要是指位置损失和置信度损失的加权和,网络学习需要综合考虑这两方面的信息,对识别模型的准确性进行评估。总损失函数的计算公式如下:

$$L(x, c, l, g) = \frac{1}{N}[L_{\text{conf}}(x, c) + \alpha L_{\text{loc}}(x, l, g)] \tag{4.8}$$

式中，N 表示匹配成功的预选框（正样本）的个数。如果 $N=0$，则表示当前没有预选框预测到真实目标，此时令损失和为零。权重系数（α）用于调整位置损失和置信度损失之间的比例，通常设为 1。

位置损失采用 smooth L1 损失（L_1）衡量预测框（l）和真实框（g）之间的位置误差，并通过损失的梯度下降方向，回归预测框（d）中心点（cx，cy）的偏置以及预选框的宽度（w）和高度（h）。其计算公式如下：

$$L_{loc}(x,l,g) = \sum_{i \in Pos}^{N} \sum_{m \in \{cx,cy,w,h\}} x_{ij}^k L_1(l_i^m - \hat{g}_j^m) \tag{4.9}$$

$$\hat{g}_j^{cx} = (g_j^{cx} - d_i^{cx})/d_i^w, \quad \hat{g}_j^{cy} = (g_j^{cy} - d_i^{cy})/d_i^h \tag{4.10}$$

$$\hat{g}_j^w = \log(g_j^w/d_i^w), \quad \hat{g}_j^h = \log(g_j^h/d_i^h) \tag{4.11}$$

式中，$x_{ij}^k \in \{0,1\}$，指第 i 个预选框和第 j 个真实框的匹配值。如果值为 1，则匹配正确的种类为 k；l_i^m 为预测对应第 i 个正样本的回归参数；$\hat{g}_j^w$ 为正样本 i 匹配的第 j 个真实框的回归参数。Smooth L1 损失的计算公式如下：

$$L_1(x) = \begin{cases} 0.5x^2, & |x| < 1 \\ |x| - 0.5, & \text{其他} \end{cases} \tag{4.12}$$

置信度损失是基于多种类分类概率的 softmax 损失，计算公式如下：

$$L_{conf}(x,c) = -\sum_{i \in Pos}^{N} x_{ij}^p \log(\hat{c}_i^p) - \sum_{i \in Neg} \log(\hat{c}_i^0) \tag{4.13}$$

$$\hat{c}_i^p = \frac{\exp(c_i^p)}{\sum_p \exp(c_i^p)} \tag{4.14}$$

式中，$\hat{c}_i^p$ 为预测的第 i 个预选框对应真实框的类别概率；$x_{ij}^p \in (0,1)$，为第 i 个预选框匹配到的第 j 个真实框。

4.4　应用效果

4.4.1　传统 SSD 训练与识别测试

本部分以人体下半身图像为实验对象，对传统 SSD 算法进行训练实验,训练过程中的损失与验证过程中的识别精度如图 4.11 所示。

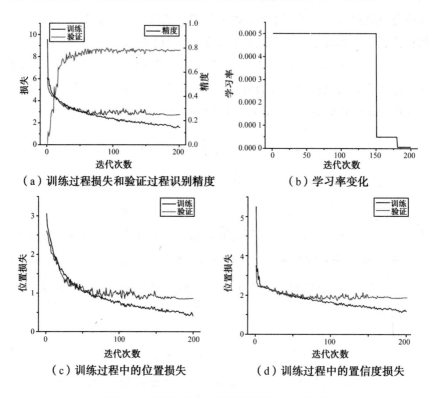

（a）训练过程损失和验证过程识别精度　　（b）学习率变化

（c）训练过程中的位置损失　　（d）训练过程中的置信度损失

图 4.11　传统 SSD 目标识别训练和验证结果

由图 4.11 可以明显地看出,由于人体下半身的训练数据结构简单,而且验证损失是经过一次迭代训练之后的结果,故在训练初期验证损失略低于训练损失。基于 VGG 16 网络的传统 SSD 算法在训练中后期训练损失不断下降,验证损失处于一种稳定的上下波动的状态,这说明训练过程已出现过拟合现象。此外,不论是位置损失还是置信度损失,验证阶段损失在迭代次数处于 100 附近时都出现了略微的增大,网络训练模型出现了略微的退化现象;当迭代次数达到 150 时,学习率降低至原有的10%,验证损失大小和验证精度大小均趋于稳定。综上分析,训练学习网络需要修改网络结构,使其能够减少过拟合损失,避免发生网络退化现象。

4.4.2　企业应用展示

　　如今,随着硬件设施计算能力的不断提高,计算机视觉已不再是纸上谈兵。我国许多企业已经将计算机视觉领域的成果应用到产品中,做到了技术的真正落地,使先进的人工智能技术得以造福人类。

　　例如,山东亚历山大智能科技有限公司的研发团队通过将视觉识别技术与"防疫机器人"相结合,为机器人装上了一双眼睛,使机器人在自动行驶过程中能够自动精准地识别出消毒目标并标记出目标在三维空间中的位置,实现了无人操作的功能。该产品具有自动导航、智能避障、精准识别、多功能消毒等功能,缓解了重点防疫地区的消毒压力,并大大降低了人工进行消毒工作的危险性。图 4.12 所示为该机器人搭载的目标检测模型推理出的目标位置。

图 4.12　目标检测模型推理出的目标位置

　　该公司还在其研发的建筑管线智能开槽机器人中应用了计算机视觉技术。图 4.13 所示为机器人利用图像处理技术从墙面中提取目标并进行标注。

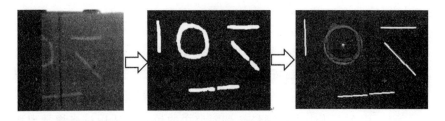

图 4.13　从墙面中提取目标并进行标注

参考文献

[1] VOULODIMOS A，DOULAMIS N，DOULAMIS A，et al. Deep learning for computer vision：A brief review[J]. Computational Intelligence and Neuroscience，2018，2018:1-13.

[2]PAN Z，LIU S，FU W N. A review of visual moving target tracking[J]. Multimedia Tools and Applications，2017，76（16）：16989-17018.

[3]ZHAO Z Q，ZHENG P，XU S，et al. Object detection with deep learning：A review [J]. IEEE Transactions on Neural Networks and Learning Systems，2019，30(11)：3212-3232.

第5章　大数据在中药生产中的应用

5.1　行业概况

中医药是中华优秀传统文化的重要组成部分和典型代表,长期以来,为中华民族的保健和繁衍做出了巨大贡献。党的十八大以来,党和政府把发展中医药摆上了更加重要的位置,作出了一系列重大决策部署。2015 年,国务院常务会议审议通过了《中医药法(草案)》,为我国中医药事业的发展提供了良好的政策环境和法制保障。2016 年,中共中央、国务院印发了《"健康中国 2030"规划纲要》,作为今后 15 年推进"健康中国"建设的行动纲领,并提出了一系列振兴中医药发展、服务"健康中国"建设的任务和举措。同年 12 月,国务院印发了《中医药发展战略规划纲要(2016—2030 年)》,把中医药发展上升为国家战略,对新时期推进中医药事业发展作出了系统部署。

《2021 国家中药监管蓝皮书》显示,截至 2021 年年底,我国共有中成药生产企业 2 225 家,中药饮片生产企业 2 023 家。2021 年我国中药工业稳步发展,全年营业收入达到 6 919 亿元,同比增长 12.4%;2021 年中药工业利润总额 1 004.5 亿元,同比增长 37%。中医药产业成了我国新的经济增长点。同时,我国中药类产品的出口额也实现了较大增长,显示出了巨大的海外市场发展潜力。中药产业逐渐成为我国国民经济与社会发展中具有独特优势和广阔市场前景的战略性产业。

但是,目前我国的中药制备技术还较落后,存在粗放、缺控、凌乱、低效、高耗等一系列问题,从而导致生产的产品质量均一性差,产品的批间差异比较大。药品原药材质量的不稳定性,提取、浓缩等工艺过程关键质量属性的"不可视性"等都加剧了药品质量的不稳定性。同时,目前中药生产的各个环节存在"各自为战"的局面,单元操作之间的信息不能够有效地串联,致使中药生产全过程质量控制的实现难度大,不能够实现产品质量的追溯以及对于产品生产过程的深刻了解。中药本身的复杂性以及中药生产技术的落后使中药产品难以进入高端国际市场,中药的智能制造势在必行。

同时,政府和人民群众也迫切希望实现中药的智能制造。要实现中药的智能制造,先进的制药设备是关键。制药企业应从工艺设备选型、配套、改造与使用、智能仪表阀门选取与安装等方面进行综合考虑,以达到高效、节能、绿色环保的目的。例如中药提取液的浓缩,采用机械蒸汽再压缩(mechanical vapor recompression,MVR)相关设备来进行浓缩可节能 $60\% \sim 70\%$,同时还可以实现连续生产,大大降低生产成本,提高效率。

智能制造已成为当今全球制造业的发展趋势,是我国今后一段时期推进"两化"深度融合的主攻方向。智能制造是基于新一代信息技术,贯穿设计、生产、管理、服务等制造活动各个环节,具有信息深度自感知、智慧优化自决策、精准控制自执行等功能的先进制造过程、系统与模式的总称。其具有以智能工厂为载体,以关键制造环节智能化为核心,以端到端数据流为基础,以网络互联为支撑等特征,可有效缩短产品研制周期、降低运营成本、提高生产效率、提升产品质量、降低资源能源消耗。

未来的中药工厂应在新一代信息技术的主导下实现多维、多种数据融合,建立过程分析与智能控制的全过程质控体系;运用数据挖掘工具发现制药过程中药物的传递规律,利用过程分析工具优化、控制生产过程,以提供合理的管理决策,解决人工生产的缺陷,提高生产精益化程度,进而持续提升中药产品的质量和生产效能,实现"智能制药"的目标。

5.2　大数据需求分析

凭借着丰富的自然资源、传统的中药生产经验以及廉价的劳动力优势,我国的中药产业始终在国际市场上占据着一席之地。但随着国际市场竞争的加剧,仅仅依靠传统优势无法为我国的中药发展提供持续强劲的推动力。目前,受多种因素的影响,我国中药在国际市场上所占的份额和效益不断下滑,其中一个主要原因是目前国内的中药制药技术落后,自动化和信息化程度低,生产上大多采取离线检测、末端放行的方式进行药品质量的控制,控制滞后严重,导致中药质量批间一致性差,无法保证产品疗效的稳定性和可靠性。为提升中药产品的质量,提高我国中药产业在国际市场上的竞争力,实现对产品质量的过程控制已经成为目前急需解决的技术问题。

获取中药在生产过程中的质量信息,是进行过程控制的前提条件。通过企业调研我们发现,为满足中药产业的现代化需求,少数大型企业已经引入自动化生产线,以对中药生产过程中的工艺参数进行监测。然而,对于关键的药效成分含量信息,尚缺乏有效的实时检测手段。目前,大部分企业主要采用近红外光谱(near infrared spectrum,NIRS)分析技术实现对中药生产过程中药效成分的在线检测。虽然 NIRS 分析可以获得较好的检测结果,但 NIRS 仪器主要由国外公司生产,价格较为昂贵,车间批量使用的成本较高,且长期使用后检测探头容易被污染,导致检测结果的精度降低。由此软测量技术得到了广泛应用。软测量是把生产过程知识有机地结合起来,应用计算机技术对难以测量或者暂时不能测量的重要变量,选择另外一些容易测量的变量,通过构成某种数学关系来推断或者估计,以软件来替代硬件的功能。应用软测量技术对药物组分含量进行在线检测不但经济可靠,且动态响应迅速,可连续给出药品中各组分的含量,易于达到对产品质量进行控制的目的。

随着信息技术的发展,中药生产过程中的大量工艺参数得到了有效的存储和管理,通过机器学习技术挖掘这些数据中潜在的有用信息,并基于工艺参数建立药效成分的软测量模型,可以实现对生产过程中中药质量的在线检测。

中药口服液作为中药制剂的改进型,是在传统制剂(汤剂、合剂、注射剂)的基础上,通过调配一定量的矫味剂进行灌封处理制成的液体制剂,具有剂量小、吸收快、疗效好、储存方便、质量稳定等特点[1]。小儿消积止咳口服液(pediatric xiaoji zhike oral liquid,PXZOL)作为一种常用的儿科用中药制剂,由山楂(炒)、槟榔、枳实、枇杷叶(蜜炙)、瓜蒌、莱菔子(炒)、葶苈子(炒)、桔梗、连翘、蝉蜕10味中药材制成,具有清热理肺、消积止咳及增强体液免疫的功效,在临床上主要用于饮食积滞、痰热蕴肺所致的咳嗽、喉间痰鸣、腹胀等疾病的治疗[2]。该口服液作为一种中药复方制剂,采用水提醇沉法进行生产。由于中药生产过程中的每个工艺阶段都会影响最终产品的质量,而各生产环节的内部机理和生产环境差异较大,因此需要针对特定生产环节建立在线检测模型,从而确保结果准确可靠。中药液提取过程作为药材有效成分溶出的最基础环节,对其进行质量控制对药品的批间一致性起着至关重要的作用,因此对该过程进行质量在线检测就显得尤为重要。

针对小儿消积止咳口服液在提取过程中缺乏在线检测手段的问题,通过综合使用NIRS技术、软测量技术,建立提取过程的质量在线检测模型,可以实现对药液有效成分的在线检测,对于中药的过程控制和现代化生产具有重要的指导意义。

基于国家重点研发计划"中药口服制剂先进制造关键技术与示范研究"项目,笔者以小儿消积止咳口服液中的辛弗林、连翘酯苷A、柚皮苷、新橙皮苷四种质量标志物(Q-marker)的含量为研究对象,分别基于NIRS技术和软测量技术实现了对口服液提取过程中质量的在线检测:首先,搭建一个适用于提取过程的在线NIRS检测平台,通过偏最小二乘法(partial least squares,PLS)对采集的光谱数据与各质量标志物含量数据进行建模,并基于NIRS实现对药液质量的在线检测;然后,以在线NIRS分析平台检测获得的质量标志物含量数据为虚拟标准数据,与传感器实时采集的工艺参数数据进行回归建模,利用stacking策略融合不同回归算法建立软测量模型,并基于提取的工艺参数实现对药液质量的在线检测,为中药制剂经济可靠的在线检测手段的发展提供了新的思路。

5.3　具体应用案例

5.3.1　中药提取过程中的质量在线检测研究

本研究以小儿消积止咳口服液的提取过程为对象,结合中药质量在线检测设备及 NIRS 技术建立统计模型,以实现对提取过程中标志物含量的在线检测。

本研究所用的小儿消积止咳口服液药材及中试生产实验设备由山东鲁南制药集团股份有限公司提供。本研究中所有实验均基于同一批次样本进行,定量指标及检测方法按《中华人民共和国药典(2015 年版)》中的方法执行。

首先在前处理车间的配料间按分装规格要求将药材分装成规定的质量、袋数,并依次投入 300 L 提取罐中进行煎煮,同时安装中药质量在线检测设备,自药材完全加入时开始计时并采集光谱。整个提取过程分两次进行,时间分别为 150 min 和 120 min,由自动控制系统控制。提取过程中的质量在线检测设备和自动控制系统分别如图 5.1 和图 5.2 所示。

图 5.1　药液提取过程中的质量在线检测设备

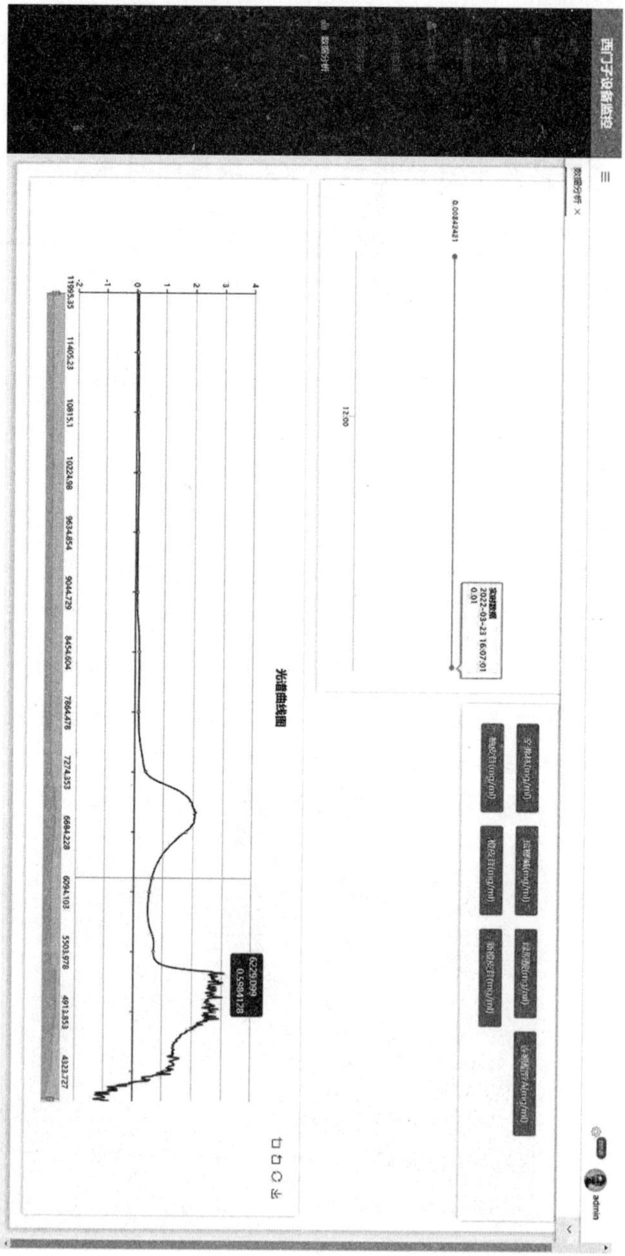

图 5.2 药液提取过程中的自动控制系统

本研究利用中药质量在线检测设备采集小儿消积止咳口服液提取过程中的光谱,前半小时每 3 min 采集一次,后续每 10 min 采集一次,第一次提取过程中采集 25 张光谱,第二次提取过程中采集 20 张光谱,共重复进行 6 次实验。

如图 5.3 所示,本实验利用高效液相色谱仪分析小儿消积止咳口服液中四种质量标志物的含量,为构建光谱模型提供标签数据。

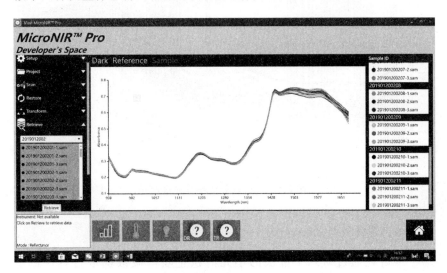

图 5.3 NIRS 采集

5.3.2 中药提取过程中的建模研究

5.3.2.1 光谱预处理

本研究通过选用标准正态变换、归一化、Savitzky-Golay(SG)一阶求导、SG 二阶求导、SG 平滑等光谱预处理方法对采集的原光谱数据进行处理,从而降低了噪声、光谱基线漂移等的影响,提高了模型预测的准确性。

5.3.2.2 特征光谱的筛选

本研究利用相关系数法、随机森林法(见图 5.4)等从原始近红外光谱中筛选出包含大量有效信息的特征光谱,从而降低模型的复杂度,提高模型的泛化性能。

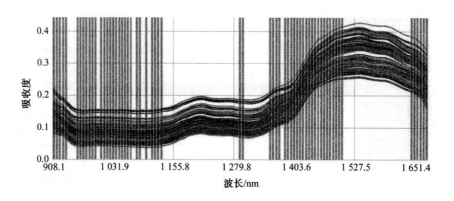

图 5.4 随机森林法特征光谱筛选

5.3.2.3 模型的建立

本研究通过对六个批次的小儿消积止咳口服液提取过程中的实验样本进行数据分析,分别建立了四种质量标志物的含量预测模型。建立模型的过程如图 5.5 所示。接下来采用 PLS 回归模型,将光谱数据与样品高效液相色谱(high performance liquid chromatography, HPLC)分析结果进行关联建立模型,并采用外部样本集对模型的预测性能进行验证。

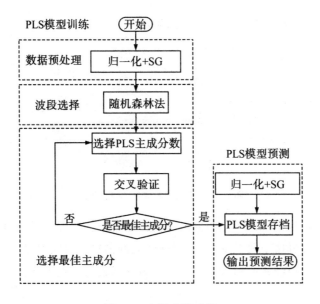

图 5.5　光谱建模过程

5.3.3　近红外光谱建模方法的选择

5.3.3.1　BP 神经网络回归预测

　　BP 神经网络以其结构简单、非线性映射能力和泛化能力强、预测精度高等优点而被广泛应用。其网络结构可分为输入层、隐藏层和输出层，每一层都由若干个神经元组成，不同层的每个神经元之间采用全连接的方式(见图 5.6)。隐藏层可以有多层，隐藏层越多，理论上模型的精确度越高，但是层数太多容易造成过拟合。

　　隐藏层节点数的经验公式为

$$n_1 = \sqrt{n + m} + a \tag{5.1}$$

式中，n 为输入层节点数；m 为输出层节点数；a 为 1~10 之间的任意常数。

　　根据式(5.1)，若输入层节点数为 7，输出层节点数为 2，a 选择 10，则可得到隐藏层节点数为 13。以第一层隐藏层节点数为 13，设计四层隐藏层，则网络结构分别为 7×13、13×10、10×5、5×3。

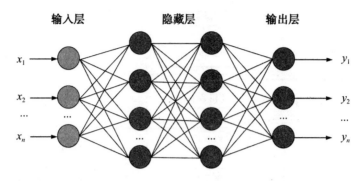

图 5.6　BP 神经网络的结构示意图

激活函数是指神经元的输出值在传递给下一层的神经元时的一个映射函数。通过这个映射函数，上层神经元的输出值被映射成一个新的值，作为下一层神经元的输入值。神经元激活函数的示意图如图 5.7 所示。

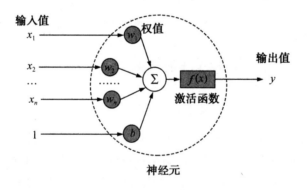

图 5.7　神经元激活函数的示意图

激活函数的作用是通过映射使神经网络的输出值逼近任意的非线性函数。如果没有激活函数的映射作用，每一层神经元的输入都只是上一层神经元的输出，这样就只能逼近线性函数，有没有隐藏层对提升预测的准确率意义不大。

这里主要介绍 tanh 函数、ReLu 函数两种常用的激活函数（sigmoid 函数的详细介绍参见第 2 章内容）。

（1）tanh 函数。tanh 函数的解析式为

$$\tanh(x) = \frac{e^x - e^{-x}}{e^x + e^{-x}} \tag{5.2}$$

其图像如图 5.8 所示。tanh 函数的均值是 0,在应用效果上比 sigmoid 函数要好,但是仍然没有解决梯度消失的问题。

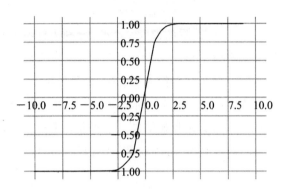

图 5.8　tanh 函数的图像

(2)ReLU 函数。ReLU 函数的表达式如下:

$$\text{ReLU}(x) = \max(0, x) \tag{5.3}$$

当 $x > 0$ 时,ReLU 函数为一次函数;当 $x < 0$ 时,ReLU 函数为 0。ReLU 函数的图像如图 5.9 所示。ReLU 函数成功地解决了梯度消失的问题,而且收敛速度比 sigmoid 函数和 tanh 函数快很多。所以,本研究在建模过程中选择 ReLU 函数作为激活函数。

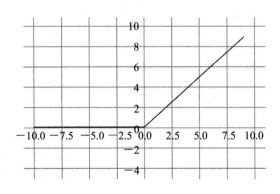

图 5.9　ReLU 函数的图像

本研究首先将所有数据随机分成 70% 的训练集和 30% 的预测集。对训练集和预测集数据同时进行归一化,将原始数据转换到[0,1]区间内。归一化法的计算公式如下:

$$x_1 = \frac{x - x_{\min}}{x_{\max} - x_{\min}} \tag{5.4}$$

式中,x、x_1 分别为归一化前、后的值;x_{man}、$x_{\min}$ 分别为样本的最大值和最小值。然后对训练集进行十折交叉验证:将训练集均分成 10 份,第一次将第 10 份用作验证集,其余 9 份作为训练集,评价标准为 RMSE;下一次将第 9 份用作验证集,其余 9 份作为训练集……以此类推,得到 10 组预测结果,求其平均值,作为交叉验证结果。本研究以平方损失函数作为模型的损失函数。BP 神经网络训练过程中的损失函数图像如图 5.10 所示。

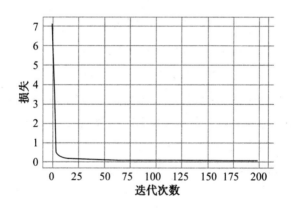

图 5.10　BP 神经网络训练过程中的损失函数图像

本实验中,十折交叉验证结果的 RMSE 的平均值为 0.192,在预测集上得到的预测值与真实值之间的 RMSE 的结果为 0.201。

5.3.3.2　XGBoost 回归

XGBoost 是一种串行的集成学习算法,属于常用的三类集成算法(bagging、boosting、stacking)中的 boosting 算法类别。其思想是:串行生成一系列分类与回归树(classification and regression trees,CART),每一棵回归树都对上一棵回归树预测值与目标值的残差进行拟合,重复进行,直到达到设定的树的数目或者函数收敛后停止。XGBoost 以其准确率较高的优势而在工业界广泛应用。

XGBoost 的目标函数由损失函数和正则化项两部分组成,由于本研究所要解决的是回归问题,因此损失函数选择平方损失函数。目标函数(Obj)的定义如下:

$$\mathrm{Obj} = \sum_{i=1}^{n} l(y_i, \hat{y}_i) + \sum_{k=1}^{K} \Omega(f_k) \qquad (5.5)$$

式中,$\sum_{i=1}^{n} l(y_i, \hat{y}_i)$ 为损失函数;$\sum_{k=1}^{K} \Omega(f_k)$ 为正则项。其中,y_i 为第 i 个样本的实际值;$\hat{y}_i$ 为第 i 个样本的预测值;Ω 为树的深度。

若每一个样本(x_i, y_i)通过每棵树预测后可表示为 $f_k(x_i)$,由于 XGBoost 是一个累加模型,因此最终预测得分是每一棵决策树的打分之和,即

$$\hat{y}_i = \sum_{k=1}^{K} f_k(x_i) \qquad (5.6)$$

假设我们第 n 次迭代训练的树的模型是 f_n,则在 n 次迭代后的预测结果为

$$\hat{y}_i^n = \sum_{k=1}^{n} f_k(x_i) = \hat{y}_i^{n-1} + f_n(x_i) \qquad (5.7)$$

这样,可以将目标函数改写为

$$\mathrm{Obj}^{(n)} \approx \sum_{i=1}^{n} l[y_i, \hat{y}_i^{n-1} + f_n(x_i)] + \Omega(f_n) \qquad (5.8)$$

为了找到使目标函数最小的 $f_n(x_i)$,在 $f_n(x_i)=0$ 处进行泰勒二阶展开,则目标函数近似为

$$\mathrm{Obj}^{(n)} \approx \sum_{i=1}^{n} \left[l(y_i, \hat{y}_i^{n-1}) + g_i f_n(x_i) + \frac{1}{2} h_i f_n^2(x_i) \right] + \Omega(f_n)$$

$$(5.9)$$

式中,g_i 为一阶导数,h_i 为二阶导数,且

$$g_i = \partial_{\hat{y}^{(n-1)}} l(y_i, \hat{y}_i^{n-1}), \quad h_i = \partial_{\hat{y}^{(n-1)}}^2 l(y_i, \hat{y}_i^{n-1})$$

对目标函数进行简化可得

$$\mathrm{Obj}^{(n)} \approx \sum_{i=1}^{n} \left[g_i f_n(x_i) + \frac{1}{2} h_i f_n^2(x_i) \right] + \Omega(f_n) \quad (5.10)$$

定义一棵树如下：

$$f_n(x) = \boldsymbol{\omega}_{q(x)}, \boldsymbol{\omega} \in \mathbf{R}^T, \quad q:\mathbf{R}^d \rightarrow \{1,2,\cdots,T\} \quad (5.11)$$

式中，$\boldsymbol{\omega}$ 是长度为 T 的一维向量，代表树 q 各叶子节点的权重；d 为特征维度。

定义一棵树的复杂度如下：

$$\Omega(f_n) = \gamma^T + \frac{1}{2} \lambda \sum_{j=1}^{T} \omega_j^2 \quad (5.12)$$

将式(5.11)和式(5.12)代入式(5.10)，可得

$$\begin{aligned}
\mathrm{Obj}^{(n)} &= \sum_{i=1}^{n} \left[g_i \boldsymbol{\omega}_{q(x_i)} + \frac{1}{2} h_i \boldsymbol{\omega}_{q(x_i)}^2 \right] + \gamma^T + \frac{1}{2} \lambda \sum_{j=1}^{T} \omega_j^2 \\
&= \sum_{j=1}^{T} \left[\left(\sum_{i \in I_j} g_i \right) \omega_j + \frac{1}{2} \left(\sum_{i \in I_j} h_i + \lambda \right) \omega_j^2 \right] \\
&\quad + \gamma^T
\end{aligned} \quad (5.13)$$

为了进一步简化式(5.13)，我们进行如下定义：

$$G_j = \sum_{i \in I_j} g_i, \quad H_j = \sum_{i \in I_j} h_i \quad (5.14)$$

综合以上分析，结合高中数学知识，对于一棵结构固定的树来说，每个叶子节点的权重 ω_j 及此时达到最优的 Obj 的值分别为

$$\omega_j^* = -\frac{G_i}{H_i + \lambda}$$

$$\mathrm{Obj} = -\frac{1}{2} \sum_{j=1}^{T} \frac{G_j^2}{H_j + \lambda} + \gamma^T$$

为了能够得到最精确的结果，在构建回归树时，特征分裂采用贪心算法。从树深为 0 开始，对树的每个叶子节点尝试进行分解。

贪心算法在每个节点上遍历全部的特征，其中得分最高的节点作为分裂节点，在到达树设定的最大深度后停止分裂，然后再继续构造下一棵树的残差。将生成的所有的树进行组合，这样就得到了 XGBoost 模型。

XGBoost 模型的构建过程示意图如图 5.11 所示。

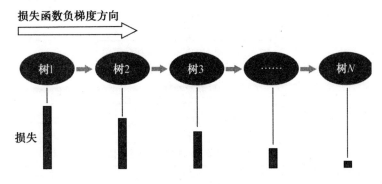

图 5.11　XGBoost 模型的构建过程示意图

5.3.3.3　XGBoost 的训练过程

将数据集进行归一化处理并且按照 7∶3 的比例分成训练集和预测集后,用 XGBoost 对训练集数据进行训练。XGBoost 的训练过程如下:

(1)在 XGBoost 模型中输入训练集的特征向量及标签值。

(2)用已经训练好的基学习器对训练集进行预测,得到模型预测值与样本真实值的残差。

(3)对特征向量进行初始化,计算在分割点处分割后的损失函数相对于分割前的变化。

(4)对当前基学习器分裂的深度进行计算。若达到了最大分裂深度则停止分裂,当前基学习器完成建立并得到左、右叶子节点的权重;若没有达到最大分裂深度则寻找新的最优分割点,并将样本分配到分割点的左、右叶子节点,进行步骤(3)。

(5)判断是否达到终止条件(基学习器数量达到预设值)。若已达到终止条件,则将所有的基学习器组合起来,训练结束;若未达到终止条件,则进行步骤(2)。

XGBoost 的训练流程如图 5.12 所示。

对训练集数据进行归一化后进行十折交叉验证,得到 RMSE 为 0.133,使用验证后的模型对归一化后的预测集数据进行预测,得到结果为 0.127。XGBoost模型在预测集上的损失函数图像如图 5.13 所示。

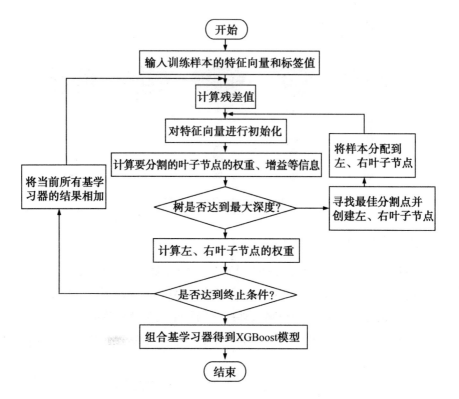

图 5.12　XGBoost 的训练流程

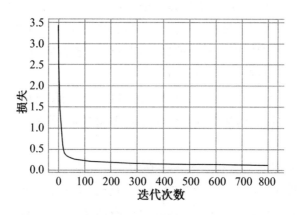

图 5.13　XGBoost 模型在预测集上的损失函数图像

5.3.4　stacking 模型融合

Stacking 是一种集成学习模型,主要利用分层模型搭建学习框架。以两层 stacking 为例:首先对原始数据集进行拆分,得到许多个子数据集。Stacking 框架中的第一层模型由基学习器组成,每个基学习器对应着一个子数据集,需求出每个基学习器的预测结果。然后,将第一层模型基学习器得到的预测值作为第二层模型的输入,由第二层模型输出最终结果。其学习方式如图 5.14 所示。

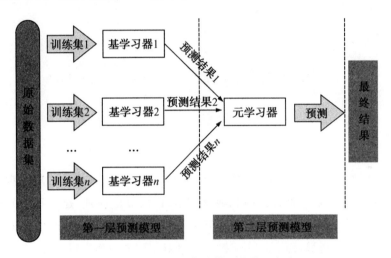

图 5.14　stacking 集成模型的学习方式

对于数据集 $S=\{(x_n,y_n),n=1,2,3,\cdots,N\}$,其中 x_n 和 y_n 分别表示第 n 个样本的特征向量和对应的标签值。将原始数据集 S 按照随机的方法分成 T 个规模差不多大的子集 $S_1,S_2,\cdots,S_T$,定义 S_t 和 $S_{-t}=S-S_t$ 分别为交叉验证中第 t 折的测试集和训练集。在第一层预测模型中总共有 T 个基学习器,每个基学习器对相应的子训练集进行训练,得到基模型 $L_t,t=1,2,3,\cdots,T$。

在完成交叉验证后,每个基学习器会得到一个输出结果,将这些结果组合起来当作第二层预测模型的输入样本 S_2。用第二层预测模型中的算法对 S_2 进行整理,可得到元学习器 L_2。在整理的过程中,可以不断地对第一层预测模型中的误差进行修正，以提高模型的预测准确度。

Stacking 模型训练的部分伪代码如下：

Input：$S = \{(x_n, y_n), n = 1, 2, 3, \cdots, N\}$

step1：将数据集按照随机的方法分成 T 个规模差不多的子集 S_1，$S_2, \cdots, S_t$

step2：for $t = 1$ to T do

　　　在训练集上用第一层预测模型中的基学习器 L_t 进行训练

　　　end

step3：构建新数据集 S_2

step4：在第二层预测模型中用元学习器 L_2 对 S_2 进行训练

output：y_{npre}

5.3.4.1　stacking 模型的构建

不同的算法模型从不同的数据空间角度和不同的数据结构角度对数据进行观测，然后依据自己的观测，结合自己的算法原理，建立不同的模型，在新的数据集上再进行观测。但单一的算法有一定的局限性，不能够全方位地认识数据，而 stacking 模型通过对不同的模型进行融合，可以从多个角度认识数据，进而提升数据预测的准确度。

第一层预测模型除了 BP 神经网络和 XGBoost 以外，还选择了在波段表现较好的 bagging 集成学习算法 RF、采用 boosting 学习方式的集成算法 GDBT 和在样本少、非线性数据集上表现良好的 SVM 算法。第二层预测模型需要选择泛化能力较强、预测结果较为准确，并且可以防止过拟合的学习算法。XGBoost 算法的效果最好，因此选用 XGBoost 作为第二层模型。综上所述，stacking 模型的第一层预测模型为 BP 神经网络、XGBoost、RF、GDBT 和 SVM，第二层预测模型为 XGBoost。

为了防止模型发生过拟合，将五个基学习器按照时间维度划分成五个数据集，并保证每次训练过程中不同基学习器用的验证集不相同。对

于每个基学习器,每次训练时将四个数据集作为训练集,剩余的一个作为
验证集,最终将五个基学习器的预测结果合并成新的数据集。训练过程
如图 5.15 所示。

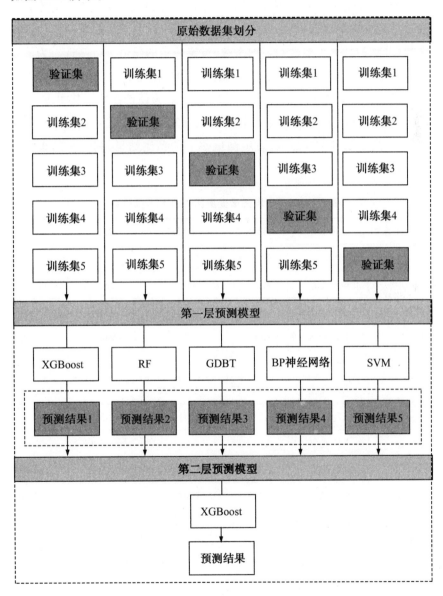

图 5.15　stacking 框架下多模型融合的训练过程

5.3.4.2 stacking 模型融合结果

我们分别使用遗传算法(genetic algorithm,GA)、XGBoost 算法以及岭回归(ridge regression,RR)方法对光谱变量进行筛选,其中遗传算法通过智能搜索筛选变量,而 XGBoost 算法和岭回归方法是对变量的评价系数(分别为特征重要性和回归系数)设定一定的阈值进行筛选。为验证各方法筛选的光谱变量的有效性,我们分别使用全光谱及筛选的光谱变量子集进行 PLS 建模比较,并以 RMSE 和 R^2 为评价标准。其中 R^2 的值越接近于 1,模型的拟合效果越好。若以 $RMSE_{cv}$、R_{cv}^2 表示训练集上的交叉验证结果,以 $RMSE_p$、R_p^2 表示测试集上的预测结果,则实验结果如表5.1 所示。

表 5.1　基于不同光谱变量集合的 PLS 建模结果

质量标志物	光谱集合	$RMSE_{cv}$	$RMSE_p$	R_{cv}^2	R_p^2
辛弗林	全光谱	0.002 02	0.001 90	0.993 84	0.994 76
	GA 光谱	0.001 78	0.001 77	0.995 15	0.995 43
	XGBoost 光谱	0.001 86	0.001 77	0.994 78	0.995 39
	RR 光谱	0.001 56	0.001 57	0.996 36	0.996 35
连翘酯苷 A	全光谱	0.015 45	0.014 41	0.993 75	0.994 75
	GA 光谱	0.014 57	0.014 14	0.994 46	0.994 97
	XGBoost 光谱	0.012 77	0.012 66	0.995 69	0.995 92
	RR 光谱	0.011 85	0.011 56	0.996 28	0.996 61
柚皮苷	全光谱	0.032 97	0.029 72	0.996 10	0.996 93
	GA 光谱	0.027 80	0.026 49	0.997 26	0.997 60
	XGBoost 光谱	0.026 05	0.027 48	0.997 53	0.997 40
	RR 光谱	0.024 22	0.023 90	0.997 92	0.998 04

质量标志物	光谱集合	$RMSE_{cv}$	$RMSE_p$	R_{cv}^2	R_p^2
新橙皮苷	全光谱	0.027 43	0.025 07	0.995 89	0.996 71
	GA 光谱	0.029 81	0.029 11	0.997 01	0.997 28
	XGBoost 光谱	0.027 06	0.028 04	0.997 53	0.997 49
	RR 光谱	0.025 31	0.024 67	0.997 86	0.998 07

由表 5.1 中的结果可知,相较于全光谱建模,使用上述三种方法筛选得到的光谱数据进行建模,模型的精度更高,预测结果的误差更小,说明光谱中的干扰光谱变量被有效地筛除。在上述三种光谱变量筛选方法中,岭回归方法带来的模型性能提升最大,对质量标志物特征光谱的筛选最为有效。近红外光谱吸光度数据与化学成分浓度数据呈直接的线性关系,岭回归方法作为线性分析方法,能够有效拟合光谱与质量标志物含量间的线性关系,使其在光谱变量的选择中获得最佳的结果。因此,我们最终选择岭回归方法对口服液样品的光谱数据进行变量筛选。

5.3.4.3　质量标志物离线 NIRS 模型构建

PLS 回归是一种集成主成分分析、典型相关分析以及线性回归分析的多元统计方法,能够有效解决回归分析中常遇到的样例维度小于变量维度、变量间存在多重共线性的问题。由于近红外光谱的自身特性,这些问题普遍存在于近红外分析中,因此 PLS 回归方法在光谱建模中得到了广泛的应用。

PLS 回归的基本思想是:首先从自变量集中提取第一潜因子 t_1(t_1 是 $x_1, x_2, \cdots, x_m$ 的线性组合,且尽可能多地提取原自变量集中的变异信息,比如第一主成分);同时在因变量集中也提取第一潜因子 u_1,并要求 t_1 与 u_1 相关程度达到最大。然后建立因变量 Y 与 t_1 的回归,如果回归方程已达到令人满意的精度,则算法终止;否则继续第二轮潜在因子的提取,直到能达到令人满意的精度为止。若最终对自变量集提取 l 个潜因子 t_1,

$t_2, \cdots, t_l$，PLS 回归将通过建立 Y 与 $t_1, t_2, \cdots, t_l$ 的回归式，然后表示为 Y 与原自变量的回归方程式。

我们首先将数据集以 8：2 的比例随机划分成训练集和预测集，分别用于模型的训练和性能测试。然后选择迭代自适应加权惩罚最小二乘法（adaptive lterative re-weighted penalized least squares, airPLS）和最值归一化（min-max normalization, MMN）方法作为光谱的预处理方法，以岭回归方法筛选的最优光谱变量子集进行 PLS 建模。整个建模流程的示意图如图 5.16 所示。

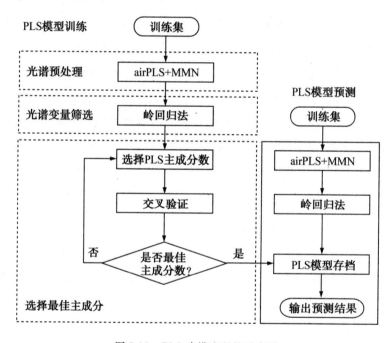

图 5.16　PLS 建模流程的示意图

主成分数目是 PLS 建模中需要确定的关键参数。一般情况下，使用 PLS 进行回归建模，采用与 PCA 一样的截尾方式选择前 m 个主成分即可获得预测性能较好的模型。选择的主成分数目过大时，虽然保留的有效信息更完全，但数据中的噪声无法有效去除，反而会导致模型的精度下降。本节通过在训练集上的交叉验证来确定 PLS 的最优主成分数，针对不同质量标志物的模型,选取的最优主成分数如图 5.17 所示。

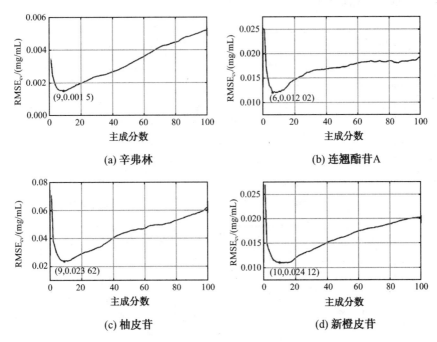

(a) 辛弗林

(b) 连翘酯苷 A

(c) 柚皮苷

(d) 新橙皮苷

图 5.17　不同主成分数 PLS 建模的交叉验证结果

　　由图 5.17 可以确定,辛弗林、连翘酯苷 A、柚皮苷、新橙皮苷四种质量标志物 PLS 模型的最优主成分数分别为 9、6、9、10,此时模型的交叉验证误差 $RMSE_{cv}$ 达到最小。保存训练好的模型,以用于后续的实验。

　　构建好的 PLS 模型需要使用测试集来评价其泛化能力。将测试集光谱经过 airPLS+MMN 方法预处理后,选择最优光谱变量子集输入已建立的 PLS 模型中进行预测,获得的样本预测值与真实值的比较结果如图 5.18 所示。

　　由图 5.18 可以看出,样本点分布在真实值和预测值的对角线附近,模型预测值与样本真实值间的误差极小;所构建的 PLS 模型对于辛弗林、连翘酯苷 A、柚皮苷、新橙皮苷四种质量标志物的含量均实现了高精度的预测,R^2 分别达到 0.996 3、0.996 2、0.998 3 和 0.998 3。这说明本节所构建的 PLS 模型具有良好的泛化能力,能够有效地用于小儿消积止咳口服液的 NIRS 分析。

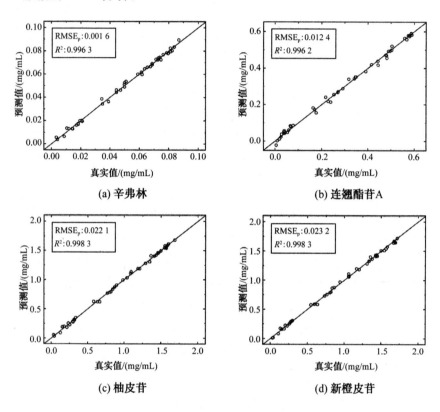

图 5.18　不同成分 PLS 模型预测值与真实值的比较

5.3.5　质量标志物在线 NIRS 模型的构建

5.3.5.1　在线模型的构建

相较于离线 NIRS 分析,在线 NIRS 分析待测样品的状态(温度、浑浊度等)、检测环境更为复杂。若将基于离线数据建立的模型直接用于在线光谱数据的分析,结果将产生偏差,模型的预测精度会降低。

Yang 等对金银花提取过程中的在线 NIRS 检测进行了研究,通过组

合使用遗传算法(GA)与联合区间偏最小二乘法(siPLS)对光谱变量进行
筛选,建立了 si-GA-PLS 模型,并与 PLS、si-PLS、GA-PLS 模型进行了比
较。结果表明,si-GA-PLS 模型的结果最佳,适用于金银花提取过程中的
在线检测[3]。

  Kang 等设计了一种 2 mm 光程的法兰用于在线采集复方双黄连口
服液提取过程中的 NIRS,并分别使用 PLS、区间 PLS(iPLS)和 siPLS 算
法建立了多种成分指标的校正回归模型。实验结果表明,与 PLS 和 iPLS
模型相比,siPLS 模型的性能更好,具有较低的预测误差。这说明 NIRS
分析技术用于复方双黄连口服液提取过程中的在线检测是可行的[4]。

  Li 等采用在线 NIRS 技术对槐花配方颗粒的中试提取过程进行监
测,其建立的近红外定量模型能够快速分析提取过程中芦丁含量的变化,
证明了 NIRS 在线检测中试提取过程的可行性[5]。

  本研究以离线模型的预测值作为虚拟标准含量值,为在线 NIRS 模
型的建立提供了口服液样品的质量标签数据。通过建立在线光谱数据与
虚拟标准含量值之间的 PLS 回归,本研究完成了小儿消积止咳口服液质
量在线 NIRS 模型的构建。建模流程的示意图如图 5.19 所示。

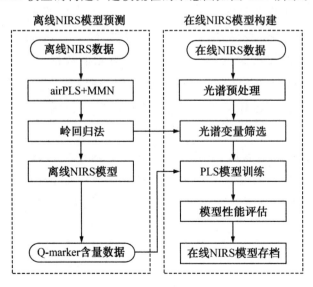

图 5.19 在线 NIRS 模型的建模流程示意图

5.3.5.2　模型性能优化

在线光谱数据是通过对检测流通池内的提取液进行扫描得到的,由于在线检测具有实时性的要求,而旁路取样系统是对样液进行循环抽取,样液的状态稳定性难以达到离线检测的控制程度,导致采集的在线光谱相比于离线光谱会携带更多的噪声,信噪比较低。因此,为构建准确的在线模型,需要对在线光谱数据进行复杂的预处理工作。

对于在线光谱中存在的大量随机噪声,首先选取降噪效果优越的小波阈值降噪(wavelet threshold denoising,WTD)方法进行降噪处理。考虑到 airPLS+MMN 的联合预处理方法对离线光谱的处理效果最好,因此在本研究中将其用于在线光谱数据的预处理。由于在离线 NIRS 模型的构建过程中,已经利用 RR 法筛选出反映各成分信息的特征光谱变量,因此本研究也选取相应的光谱变量用于在线模型的构建。

近红外光谱属于分子振动光谱,样品温度改变,分子的振动状态也将发生变化,导致产生光谱漂移现象,进而影响光谱分析的准确性。在使用在线检测平台对提取液进行在线光谱数据采集时,由于多种因素的影响,难以使待测样液的温度保持不变。本研究通过在检测流通池处加设温度传感器,可在采集光谱数据的同时对样液的温度进行采集。在构建在线 NIRS 模型时,将温度数据作为显示变量联合光谱数据一起建立温度补偿模型,可以修正温度对分析结果的影响。

基于在线光谱数据,本研究分别建立了四种小儿消积止咳口服液质量标志物的 PLS 模型,并使用不同的预处理及温度补偿方法,优化模型的预测性能。表 5.2 列出了使用不同的优化方法时,在线模型的预测结果。

表 5.2　基于不同优化方法的在线模型预测结果

质量标志物	优化方法	$RMSE_{cv}$	$RMSE_p$	R_{cv}^2	R_p^2
辛弗林	原光谱	0.004 2	0.005 0	0.973 5	0.965 5
	WTD	0.003 9	0.004 9	0.978 6	0.967 0
	WTD+RR	0.003 8	0.004 1	0.979 5	0.977 4
	WTD+RR+温度补偿	0.004 0	0.004 0	0.977 1	0.978 5
	WTD+airPLS+MMN+RR	0.004 1	0.004 2	0.975 6	0.976 7
连翘酯苷 A	原光谱	0.036 7	0.037 3	0.963 9	0.964 8
	WTD	0.034 4	0.035 6	0.968 9	0.967 9
	WTD+RR	0.033 0	0.034 2	0.971 5	0.970 5
	WTD+RR+温度补偿	0.031 2	0.029 5	0.975 4	0.978 0
	WTD+airPLS+MMN+RR	0.028 9	0.028 6	0.978 8	0.979 3
柚皮苷	原光谱	0.085 0	0.087 1	0.974 7	0.976 3
	WTD	0.078 9	0.083 3	0.978 6	0.978 3
	WTD+RR	0.076 6	0.070 4	0.980 2	0.984 5
	WTD+RR+温度补偿	0.068 6	0.065 6	0.984 3	0.986 5
	WTD+airPLS+MMN+RR	0.067 8	0.070 3	0.984 7	0.984 5

质量标志物	优化方法	RMSE$_{cv}$	RMSE$_p$	R^2_{cv}	R^2_p
新橙皮苷	原光谱	0.087 5	0.099 4	0.974 2	0.972 3
	WTD	0.082 3	0.090 1	0.977 7	0.977 2
	WTD+RR	0.084 7	0.088 3	0.976 8	0.978 1
	WTD+RR+温度补偿	0.079 6	0.079 7	0.979 6	0.982 2
	WTD+airPLS+MMN+RR	0.066 4	0.067 8	0.985 9	0.987 1

由表 5.2 中的结果可以看出，通过 WTD 降噪后，各质量标志物模型的预测误差均得到了降低，说明在线光谱中的随机噪声得到了有效去除。继续使用基于 RR 法筛选得到的特征光谱变量进行建模，模型的预测误差进一步降低，证明筛选的光谱变量携带反映成分的主要信息。此外，筛选的光谱变量主要分布在受噪声影响较小的非谱峰波段，大量噪声随着波动明显的谱峰区域光谱一同被去除，从而提高了模型的预测性能。通过在光谱数据中添加温度数据构建温度补偿模型，模型的预测结果精度得到了一定的提升，其中对柚皮苷和新橙皮苷两种质量标志物模型的提升效果要大于对辛弗林和连翘酯苷 A 两种质量标志物模型的提升效果。由此可见，温度对于不同成分的近红外分析影响程度不同。由于在离线模型构建中，使用 airPLS+MMN+RR 的光谱处理方法获得了最优的建模结果，成功实现了对光谱中有效信息的提取，因此，我们继续使用该组合方法对 WTD 降噪后的在线光谱进行处理。表 5.2 中的建模结果表明，对于连翘酯苷 A、柚皮苷和新橙皮苷三种质量标志物，对使用该方法处理后的在线光谱数据进行建模，模型的预测性能最好，误差达到最小。对于辛弗林的在线模型，WTD+airPLS+MMN+RR 的组合方法带来的预测精度提升效果略差于 WTD+RR+温度补偿的方法。相较于 airPLS 校正温度波动带来的基线漂移问题，温度补偿能够更直接地降低温度对辛

弗林在线分析的影响。

由上述分析可见,针对本研究的在线光谱,WTD＋airPLS＋MMN＋RR 的组合方法是一套有效的预处理方法。WTD 可将在线光谱中的随机噪声去除;airPLS 可对检测背景、温度等引起的光谱漂移问题进行基线校正;MMN 可去除光谱变量间的量纲影响;而 RR 在筛选光谱变量、保留有效信息的同时,可将受噪声影响较大的光谱波段筛除。根据对实验结果的比较,WTD＋RR＋温度补偿的方法更适合辛弗林的在线模型,所以本研究最终选择 WTD＋airPLS＋MMN＋RR 的方法用于连翘酯苷 A、柚皮苷和新橙皮苷三种质量标志物在线模型的优化;而对于辛弗林的在线模型,则选择 WTD＋RR＋温度补偿的方法进行优化。

5.4　应用效果

5.4.1　在线检测性能验证

本研究以离线 NIRS 模型的预测值作为虚拟的标准成分含量值,通过建立其与在线光谱数据间的 PLS 回归来构建在线 NIRS 模型。由于离线模型的预测值无法完全等同于样品中质量标志物含量的真实值,因此在线模型的实际预测性能还需要通过在线检测实验进行验证。

采用前述实验方案进行六个批次的实验,使用在线近红外检测平台采集小儿消积止咳口服液提取过程中的在线光谱数据的同时对药液进行取样,取得的样液通过实验采集离线光谱数据。将其中五个批次实验的离线数据输入已保存的离线 NIRS 模型,预测获得四种质量标志物的虚拟标准含量值,利用该数据与经过组合方法处理后的相应在线光谱数据训练获得在线 NIRS 模型并保存。对于剩余的一批样液,通过液相分析测得样液中四种质量标志物的真实含量值。最后将该批样液的在线光谱数据经过组合预处理后输入已保存的在线 NIRS 模型中进行预测,将预测值与测得的真实值进行比较,以两者的 RMSE 及 R^2 作为评价标准,验证在线 NIRS 模型的泛化能力。图 5.20 所示为各质量标志物在线模型的预测结果。

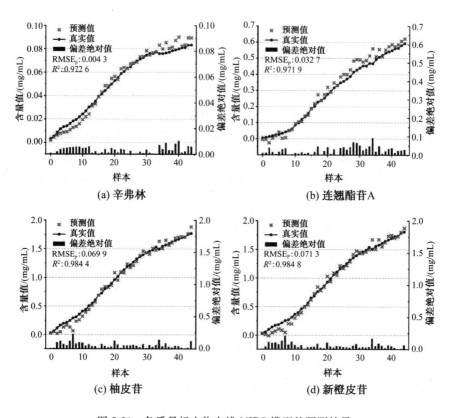

图 5.20　各质量标志物在线 NIRS 模型的预测结果

由图 5.20 可以看出,在线 NIRS 模型的预测值曲线紧密围绕着真实值曲线,这说明所构建的模型对提取过程中四种质量标志物的含量变化实现了较好的预测。其中,对于柚皮苷和新橙皮苷的预测误差 $RMSE_p$ 分别为 0.069 9 和 0.071 3,R^2 分别为 0.984 4 和 0.984 8,预测结果要稍好于对辛弗林($RMSE_p$:0.004 3,R^2:0.972 6)和连翘酯苷 A($RMSE_p$:0.032 7,R^2:0.971 9)的预测结果。这可能是由于反应后两者特征信息的光谱波段受到噪声的干扰较大,信噪比较低,导致模型的预测精度略低。由于上述对各质量标志物含量的预测精度已经可以满足实际应用的要求,因此可将上述所构建的在线 NIRS 模型保存,用于小儿消积止咳口服液提取过程质量的在线检测。

5.4.2　企业应用展示

本章介绍的大数据在中药生产中的应用数据来自鲁南制药新厚普公司。该公司共进行了六个批次的小儿消积止咳口服液的提取、浓缩、醇沉实验，并建立了以在线数据、离线数据、设备数据等为基础的全流程数据集，为进一步开展智能控制奠定了基础，也为后续在生产线的大规模应用提供了经验。其中，实验过程中的在线检测系统显示界面如图 5.21 所示。

(a)

用户名	姓名	联系方式	性别
u001	李小明	12345678901	男
u002	张三	12345678901	男
u003	李四	12445678901	女
u004	王五	14567891	男
u005	赵六	1456337891	女

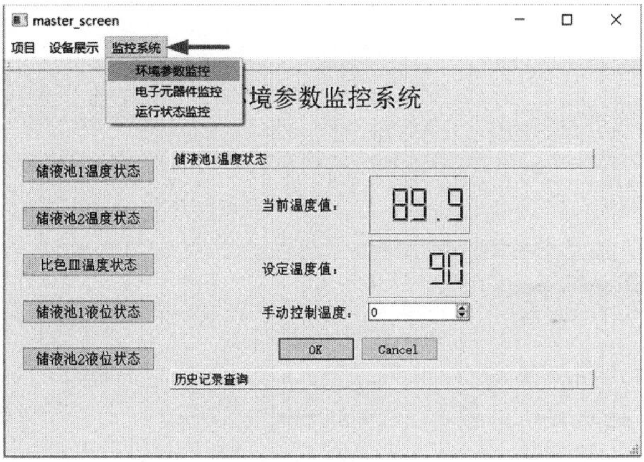

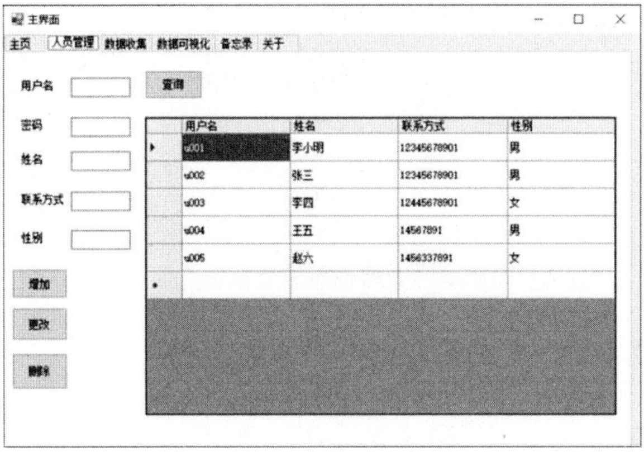

(b)

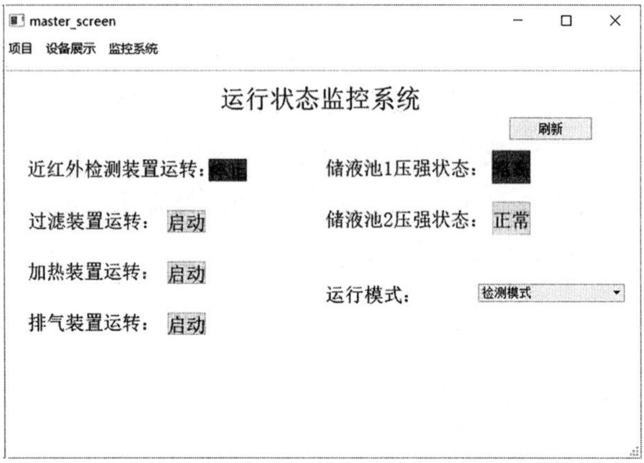

（c）

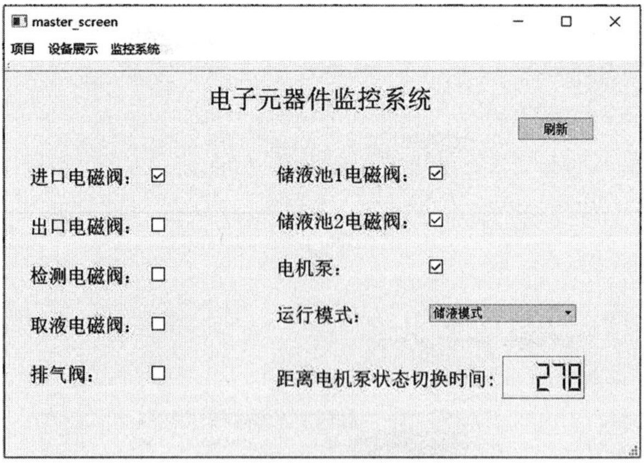

（d）

图 5.21　在线检测系统显示界面

药液提取过程中试现场如图 5.22 所示。

图 5.22 药液提取过程中试现场

参考文献

[1]王立雪，毛莹，刘国友，等.中药口服液提取工艺的现代研究[J].
科技创新导报，2017，14(13)：73-76.

[2]王卉，胡思源，魏小维，等.小儿消积止咳口服液治疗痰热咳嗽
兼食积证的多中心临床研究[J].现代药物与临床，2010，25(5)：
376-380.

[3] YANG Y, WANG L, WU Y, et al. On-line monitoring of ex-
traction process of Flos Lonicerae Japonicae using near infrared spec-
troscopy combined with synergy interval PLS and genetic algorithm[J].
Spectrochimica Acta Part A：Molecular and Biomolecular Spectroscopy，
2017，182：73-80.

[4] KANG Q, RU Q, LIU Y, et al. On-line monitoring the extract
process of Fu-fang Shuanghua oral solution using near infrared spectros-
copy and different PLS algorithms[J]. Spectrochimica Acta Part A：
Molecular and Biomolecular Spectroscopy，2016，152：431-437.

[5] LI Y, SHI X, WU Z, et al. Near-infrared for on-line determination of quality parameter of *Sophora japonica* L. (formula particles): From lab investigation to pilot-scale extraction process[J]. Pharmacognosy Magazine, 2015, 11(41): 8-13.

第6章 大数据未来发展展望

随着物联网的兴起、5G 技术的突破、人工智能产品的广泛应用和相关技术的延伸发展,大数据已成为推动全球进步的催化剂,在社会发展中起着不可或缺的作用。相比于发展初期仅关注数据大的问题,如今的大数据在产业发展、技术开发和领域拓展等方面均呈现出不断突破的态势,可以说,得数据者未来可期。本章我们将从大数据在未来社会的地位、大数据未来的产业应用与发展前景等方面展开叙述。

6.1 大数据在未来社会的地位

数据是国家发展的战略性、基础性资源,是未来创新的驱动力。大数据作为推动经济转型发展的新动力,是提升政府治理能力的新途径,是重塑国家竞争优势的新机遇。大数据产业是以数据生成、采集、存储、加工、分析、服务为主的战略性新兴产业,是激活数据要素潜能的关键支撑,是加快经济社会发展质量变革、效率变革、动力变革的重要引擎。未来大数据在社会发展中的作用将越来越显著,也将成为国家发展越来越重要的要素。可以预测,未来产业将逐步打破数据壁垒,连接数据孤岛,促进数据流通交易;大数据产业领域的相关行业、企业将大有可为,同时也将给相关从业者带来新的机遇。

6.1.1 大数据未来的发展趋势

在全球数据呈指数型增长的大背景下,未来大数据产业有望实现蓬勃发展。学术界一直在关注大数据,且关于大数据的技术和理论也在不断创新。大数据相关技术和就业的需求不断扩大,市场规模也在扩大,且获得了大量资金和政策支持。可以合理地假设,大数据在未来将保持平稳快速的发展趋势,且将不同程度地影响各行各业。

近年来,全球大数据的储备量呈现指数型增长,其中中国数据生产增长最快,预计到2025年,中国将成为全球最大的数据圈。

"十四五"期间,中国的大数据将呈现出以下发展趋势:

第一,大数据技术所涉及的行业将迅速增加,规模将持续扩大。目前,中国的互联网用户规模正处于平稳增长的阶段,未来中国的数据量也会一直处于增长趋势。在"差异化"时期,一切都将进入互联网时代,且将从消费互联网向产业互联网转型,物联网将蓬勃发展,机器学习技术也将不断深入,人类的个性和行为以及偏好等信息将被记录得更精细,维度也将更加多样化。加之各种传感器的广泛使用,数据将会被大量采集,互联网的数据水平也将进入一个新阶段[1]。

第二,全球大数据储备量的迅速增长将和物联网、电子商务产业的发展呈正相关。未来几年,大数据的增长速度可能会达到40%左右。根据2020年12月中国信息通信研究院发布的《大数据白皮书(2020年)》,从2020年起,全球数据量将呈现增长状态,并且预测在2035年数据量将会达到2 142 ZB,且会迎来大规模爆发[2],如图6.1所示。

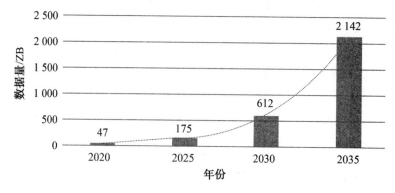

图6.1 2020—2035年全球数据量增长估算

通过对未来数据量增长的预测,可以看出大数据对未来社会发展的重要意义。从今天的视角来看,现有的大数据技术体系可能还存在很多不足,在理论和技术方面可能还有很多问题有待完善,但是不可否认的是,大数据在未来的发展是不可估量的。在不断增加的数据储备和应用驱动创新的推动下,大数据行业将继续丰富业务模式,构建多层次、多元化的市场格局,发展空间广阔。技术的不断发展将加快互联网数据的流动。区块链等数据流通技术的快速发展提升了数据流通过程的安全性,而且国家目前对于区块链、物联网、大数据等技术的发展也是大力推进,各种高新技术的发展为大数据的使用和流通提供了有力支持。未来应该不断消除互联网和大数据间的各种障碍,加速行业内和行业间的数据流融合应用。

6.1.2　大数据未来的发展要求

不断扩大的人才需求吸引着越来越多的专家和学者投身于大数据技术的发展,大数据行业的市场规模也在不断扩大。此外,大数据的繁荣还将推动未来生物学和医学的进步,并提供大量前所未有的信息和服务,涵盖临床成像、基因组学和疾病管理等方面。对于政府来说,大数据可以使监管机构在监督公众舆论、打击犯罪和管理城市时更加方便,进而做出更准确的决策。与此同时,一些与大数据直接相关的工作,如数据分析师、数据科学家和数据架构师的需求缺口在未来也将继续扩大。然而,大数据的繁荣将同时冲击或重塑某些行业。由于大数据通常可以为我们提供更精确、更客观的分析和建议,因此从直观的决策转变为基于数据的决策将是未来的发展趋势。未来大数据将对人才、研发、标准化和政务公开等领域提出全新的要求。

大数据人才供给是大数据发展的前提条件。据 2017 年社交平台领英携手清华大学经济管理学院互联网发展与治理研究中心联合发布的首份针对数字人才的经济图谱报告——《中国经济的数字化转型:人才与就业》显示,我国大数据技术人才缺口超过 150 万人,预计 2025 年将达到

200万人;尤其是兼具技术能力与行业经验的复合型人才更加缺乏。未来国家将制定更加合理的方案,通过多种方式培养专门从事大数据技术工作的人才。为更好地实施人才培养计划,各大高校应成立大数据学院,并在大学的相应阶段进行有针对性的授课,或者多所大学联合对学生进行培养,增加在校大学生在大数据领域的底层知识积累和进阶知识扩充,进而增加未来从事大数据技术相关研究的人才规模。国家也应制定相应的优惠政策,提供良好的技术发展环境,并从技术发达国家或者地区引进优秀的数据从业技术人才,增强我国在大数据科技创新方面的实力。同时,还应采取相应措施,使高校、企业和社会机构相互合作,共同推动未来大数据的发展。

支持大数据技术研发是发展大数据产业的必要措施。产业研发实力是国家技术创新的基础。以蚂蚁集团自主研发的奥星贝斯(OceanBase)数据库为代表的数据技术使我国企业拥有了管理和存储大数据的基本能力。大数据时代的数据管理技术复杂,随着业务需求的多样化,各种类型解决方案的开源项目不断迭代创新[3]。

未来国家将支持开源大数据体系建设并研发更多的开源项目。要在明确数据知识产权的基础上,以大数据技术等为导向,提升研发水平。要整合云存储、云计算等创新型项目,并基于大数据技术的规划、研发和应用示范型项目,引领产业研发的未来发展方向并提高科研能力,打破国外技术垄断。政府在信息化应用中应采用国产大数据技术,并将重心向采购国产数据库和发展国内大数据技术的方向倾斜。同时,应大力推进国内大数据技术在诸如传染性疾病防控、非人为或人为的灾害预测、基于大数据的自主决策等多领域的应用。

建立健全大数据标准体系是发展大数据的重要基础。对此,应促进数据的共享和整合,完善知识产权保护体系,加快发展数据开源软件生态,帮助和支持落后于其他国家的重要领域进行关键技术研发,构建数据创造价值的新方式。同时,应加快制定大数据相关标准和规范,为大数据的规范发展提供有力保障。

开放信息资源是大数据发展的方向。未来,国家应尽快推进促进信息共享与业务协同的信息资源开放平台的建设,将大数据更好地应用于公共服务中,以满足经济调整、市场监督管理、社会公共事务等方面的需要。未来的数据资源可以根据不同部门、不同学科等,以业务共通点为基础,从多方面来规划,最终形成互相交融的共享数据服务中心,通过多源数据的汇总与共享,使共享数据得到合理利用,从而提升各部门的管理效率和信息共享水平。在很多情况下,大数据技术源于对多源数据的综合融合和深度分析,从而获得从不同角度观察、认知事物的全方位视图。而单个系统、组织的数据往往仅包含事物某个片段或局部的信息,因此,只有通过共享开放和数据跨域流通,才能建立信息完整的数据集[4]。

6.2　大数据未来的产业应用

在产业数字化和数字产业化的背景下,数据是未来产业应用的关键要素,未来多种产业都需要大数据的支持。自 2018 年以来,我国的大数据产业一直保持着高速增长的态势且大数据的应用范围越来越广泛,正在潜移默化地影响着未来产业的方方面面。随着互联网数据获取难度的降低以及对于数据认识水平的不断提升,越来越多的产业开始部署大数据平台。与大数据产业关系密切的电信、金融等行业都在向基于大数据的政务、医疗、工业、交通物流、能源、教育文化等方向扩展,从而使实体类经济与大数据的融合更加深入。

大数据是未来产业持续发展的引擎,未来数据产业将面向数据应用、数据技术和数据科学三个方面,如图 6.2 所示。数据应用对数据科学提出需求与目的,数据科学为数据技术提供理论基础与研发资源,数据技术支持数据应用的底层创新与发展,最终形成一个良性发展的循环。

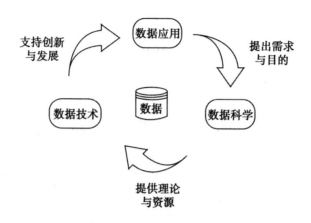

图 6.2　数据应用、数据科学与数据技术循环图

6.2.1　大数据在工业产业领域的应用与发展

随着工业 4.0 时代的到来,越来越多的工业类在线大数据平台应运而生,未来的企业运营将从传统的管理模式向数字化管理模式转变。在工业产业数字化发展的新形势下,大数据市场将在不断注入的新鲜活力的影响下快速成长,进而推动未来工业产业的不断发展。下面笔者将从驱动未来工业产业数字化转型、优化未来工业应用方案和未来工业产业发展面临的问题等方面来阐述相关内容。

(1)驱动未来工业产业数字化转型。随着数据信息与传统工业的交叉融合,工业传感器、智能控制平台、计算机辅助工业制造软件、工业机器人等各种高新技术产品相继问世并得到了广泛应用。例如,"中国制造 2025"产业链基于新一代的信息产业技术,以现代化产业方式打造了以设计环节、生产环节、管理环节、服务环节等活动为一个闭环,以先进的制造过程、系统和模式为总体规划的产业结构。同时,通过现代化的高级自动化装备和自动化先进生产技术,打造了集收集与分析各种数据为一体的智能控制平台,这种平台将数据用于未来的统一管理,从而从总体中寻找最优的生产规划方案、研发制造方案和个性化定制方案,最终达到基于工业大数据实现智能制造的目的。科技创新是工业产业发展的强大驱动力，丰富的数据支持使得工业产业步入了一个新发展阶段。

(2)优化未来工业应用方案，提供最佳方法。面对数量及种类众多的工业产品以及复杂的工业应用场景，工业应用措施的优化和合理方案的确定在实施中具有一定的困难。借助于未来工业大数据分析平台，可以搜集不同工业产品、复杂工业应用场景等的一系列解决方案，从而建立工业应用产品的分类数据库。在实际工业生产中，从业人员可以依据工业应用产品的特点，调取数据库中与当前情况相同的有效工业方案并对其进行拓展，从而更好地制订出适合当前工业场景的方案。同时，这些工业类数据也有利于提升除工业外的其他产业的研发水平与产品质量。

(3)工业大数据产业模式急需变革。随着智能设备、万物互联技术、现代化工业智能传感器、工业制造软件等在工业产业领域的推广与使用，企业工作人员可通过综合利用各类互联和决策技术以及大数据挖掘、分析等先进技术，实时了解工业动态，取得生产现场的第一手资料，从而推动工业大数据和相关技术的发展。为此，整合工业行业的数据资源，建立健全工业互联大数据体系，推动传统制造业向基于大数据的应用产业模式转型是必需的。推动大数据在设计、研发、生产、经营、销售与管理中的集成应用也是工业大数据产业模式变革的重要条件。由于工业大数据的数量和类型不断变化，通过数据挖掘进行综合信息分析时，应了解使用数据的目的。数据挖掘技术可用于检测设备或产品的设计缺陷和生产缺陷，并分析人类的各种行为、习惯和需求信息。然而，可以从工业大数据中提取出来的有价值的信息仅是一小部分。人们对从整个工作环境中收集有用的信息仍有较高的需求，这些信息有助于人们降低生产成本和提高产品质量。总而言之，通过大数据进行实时分析，可为建立更高效的制造流程、降低成本和风险、提高安全性、更严格地遵从相关法规和更好地进行决策提供机会。

对于未来的工业安全问题，是否有智能化的应急预案？工业大数据应该如何发展才能应对突发的事件？数据驱动行业的高度复杂性、自动化和灵活性给未来工业应用的可靠性和安全性带来了新的机遇。对于许多行业来说,直接向大数据应用过渡并不容易,因为它们中的大多数仍然缺乏能够处理大数据的人员和资金。同时,网络安全问题也是工业企业实现大数据应用的一个障碍。在使用大数据工具时,良好的专业知识和战略思维可以减少误差,提高成功的概率。如今的工业化流程虽然在出现安全问题时会有警告,但大部分警告属于报警类信息,且需要提防的危险信息和影响程度较低的一般信息常常混在一起,导致工作人员很难分辨出警告的严重程度和相应的后果。而通过工业大数据进行诊断、预测和分析,对生产方案进行优化等可以解决相关问题。拓展工业互联网在统一平台上的可计算能力,将为工业互联网的发展带来更多的可能。

6.2.2 大数据在技术领域的应用与发展

2015 年 3 月 5 日,第十二届全国人民代表大会第三次会议上所作的政府工作报告中,首次提出了关于"互联网＋"的计划。同年 7 月 4 日,国务院印发了《关于积极推进"互联网＋"行动的指导意见》,"互联网＋"的概念首次被提出。

"互联网＋"是信息时代随着互联网的发展而提出的新概念,未来的社会发展将以互联网为基础,通过有效利用信息技术、海量大数据互联平台,将互联网的创新成果和经济社会各领域深度聚合,使未来产业的发展更加高效,提升当前社会的经济生产水平和创新能力,推动未来工程技术的进步,从而形成更广泛的以互联网为基础设施和创新要素的经济社会发展新形态。

威睿(VMware)公司将企业应用大数据的障碍概括为预算限制、缺乏专业知识和平台锁定风险三个方面,如图 6.3 所示。研究表明,预算限制和成本开销是许多公司回避部署大数据最主要的原因。现阶段很难证明投资于新的信息技术基础设施来处理大量的数据会使企业的业务变得更好。在专业知识方面,处理大数据工作负载不同于处理典型的企业应用程序工作负载。大数据工作负载是并行处理的,而不是按顺序处理的。

它通常会对关键业务型工作负载进行优先级排序,并在夜间或容量过剩时分批安排优先级较低的作业。有了大数据分析,许多用例必须实时运行,以便进行实时分析和反应。这迫使信息技术部门改变数据中心策略,学习新的工具来创建、管理和监控这些新的工作负载。企业需要选择正确的基础结构类型来运行应用程序和数据。同时,购买硬件也需要时间。云计算对于概念验证来说可能很好,但它会带来平台锁定的风险,并产生巨大的成本。同时,企业还必须决定选择哪个 Hadoop 发行版,Cloudera、Hortonworks、MAPR 和 Pivotal 都提供了自己的商业版本。对于企业来说,决策一旦做出,以后再转向就会很困难,因此许多企业推迟了大数据相关业务的开展。

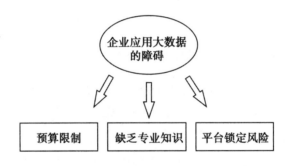

图 6.3　企业应用大数据的障碍

"快速数据"和"可操作数据"的概念一经提出,就被预测将走在科学技术的最前沿。关于大数据未来发展的另一个预测也与所谓的"快速数据"和"可操作数据"的兴起有关。与传统的凭借 Hadoop 和 NoSQL 数据库(非关系型数据库)以批处理模式分析数据信息的模式不同,快速数据允许以实时数据信息流的方式进行数据的处理。通过这种数据信息流处理,可以在小于 1 ms 的时间内对所需信息进行快速分析。这种能够在数据到达时立即做出高效率的业务决策和采取行动的方式给更多的组织带来了机会。快速数据也会使用户沉迷于实时交互。企业的数字化应该给客户带来更好的体验,使他们能够随时随地访问数据。据 IDC 预测,到 2025 年,全球近 30％的数据将是实时数据。

可操作数据是目前大数据和业务价值之间缺失的环节。正如前面提到的,没有分析,大数据本身是毫无价值的,因为它数量巨大、结构复杂、类型众多。通过借助分析平台处理数据,可以使信息变得准确、标准化和可操作,这有助于企业做出更明智的决策,改进运营方式,并设计更多的大数据用例。

大数据对于未来技术生态有着举足轻重的作用。互联网技术与互联网大数据共存的时代已经来临,在未来,企业之间的市场竞争不仅是商品的竞争,更重要的是数据信息的竞争。互联网大数据越来越体现出自身的巨大潜力与价值,在技术生态中也扮演着越来越关键的角色。未来的市场应该是大数据的市场,市场数据化和市场信息化将是必然的发展趋势。

6.2.3 大数据在人工智能领域的应用与发展

随着机器学习、高级人工智能研究算法等技术的进步与发展,更多的数据应用项目正在实施,基于大数据的计算机人工智能软件也在不断增加。人工智能是未来产业高速发展的巨大引擎,无论是国内的 BAT(百度、阿里巴巴和腾讯)三巨头,还是美国的谷歌、微软、亚马逊等国际互联网巨头,它们各自推出的人工智能软件的功能都是要妥善处理企业内部海量的数据信息。

人工智能是一种允许机器执行认知功能的计算形式,它可以以类似于人类的操作方式对所认知的动作做出识别与反应。尽管使用 C 语言、Java 语言、Python 语言等其他语言写出的高级程序也会对数据做出反应,但应答行为都已经在代码中被定义好了,只有通过指定的功能才可以实现对应的响应。以玩飞镖游戏为例,若任意投出的飞镖出现意外情况,则传统的应用程序可能将无法做出反应并出现运行错误。而人工智能系统将修正自身的行为,以优化的方法对随机事件做出有效反应。人工智能机器的设计目的是分析和解释数据,然后对具体问题进行分析和解决。计算机利用机器学习的方式,只需主动训练后就可以对某个结果做出反应,且可以在将来以同样的方式采取行动。

　　大数据是一种为了寻找结果而定义一个非常大的数据集的老式计算,它不会根据结果采取行动。大数据可以分为结构化数据和非结构化数据两种。例如,关系数据库中的事务数据就是结构化数据;非结构化数据主要是指那些无法用固定结构来逻辑化表达实现的数据,如图片信息、传真数据、邮件信息、机器感应器数据等。它们在使用上有差异。大数据主要是为了获得洞察力。例如,哔哩哔哩(Bilibili)等门户类视频网站会根据不同用户的观看记录,向他们推荐他们可能感兴趣的影片等。

　　尽管人工智能和大数据在定义、适用范围等方面大有不同,但是它们在其他方面仍然能很好地协同工作。这是因为大量数据结构的建立需要用到人工智能中的机器学习。例如,一个进行图像识别的机器学习程序在学习汽车分类时,首先要查看各种汽车品牌、型号、结构的图片,从而了解汽车的种类,以便未来能够随时随地识别它们。大数据经过大规模模型训练后,应具有足够优秀的拟合效果,以便未来机器能对数据中的有效信息进行可靠的识别。在对数据进行任何处理之前,大数据必须先将有用数据与无用数据进行区分。只有对数据进行处理之后,人工智能才可以进行学习和训练。

　　大数据与人工智能相互依存,互相完善,缺一不可。人工智能的概念早在 20 世纪中叶就已经被提出,但由于当时没有大数据这种当今比较先进的科学技术,因此并未得到很好的发展。直到大数据时代到来后,人工智能才迎来了第二次春天,不断被提出的新型机器学习算法在大数据的支持下有了更广阔的发展空间。随着对大数据技术探索的不断深入,基于人工智能的互联网产品也将逐渐增加,人工智能也将成为进一步挖掘大数据宝藏的钥匙。人工智能利用大数据不断强化训练,从而输出更优秀的参数值,而大数据可以根据人工智能训练出来的输出值更好地对自身进行优化。大数据与人工智能本身都有一个巨大的生态体系和价值空间,从技术的角度来说,大数据的出现把人工智能推到了一个新的发展阶段,也可以说大数据是人工智能的基础。

　　大数据与人工智能的结合有时甚至可以达到人类达不到的高度,例如,曾经风靡一时的阿尔法围棋(AlphaGo)和韩国围棋名将李世石的精彩对弈。AlphaGo 属于卷积神经网络,是人工智能与大数据的结合。它通过使用蒙洛卡特搜索树和卷积神经网络的融合降低搜索的范围,并利用大数据进行不断的训练与学习,最终在对弈中击败了李世石。通过分析我们不难发现,数据量的多少和对数据的学习程度是 AlphaGo 能否战胜李世石的重要影响因素之一。由此看出,数据量是人工智能产品非常关键的一项指标。不仅如此,当今人工智能产品的广泛应用,也与大数据技术的重大突破密切相关。

6.2.4　大数据在决策领域的应用与发展

　　目前,大数据决策方式已成为集高科技、国家战略为一体的综合决策策略,小到个人学习与生活,大到产业预测、生产转型等,都可以依靠大数据进行决策。随着机器学习的发展,未来大数据决策方式会越来越先进。依靠大数据技术进行决策,可以在数据决策结果中快速产出价值。这种由数据主导决策的方式是一种前所未有的决策方式,正在推动着人类信息管理准则的重新定位。随着大数据预测性分析对决策的影响力逐步增大,未来单纯依靠人类的直觉做决定的状况将会被彻底改变。

　　大数据时代的决策思维既需要以大数据参构的基础意识,又需要通过对大数据的理解而进一步提升关联意识和整体意识,还需要尊重和善用智库的群体性、激创性思维,更需要强化对未来决策智慧的前瞻性和预测性。

　　如图 6.4 所示,当今对于大数据决策的阶段分为智力替代、辅助决策和自主决策三个阶段。

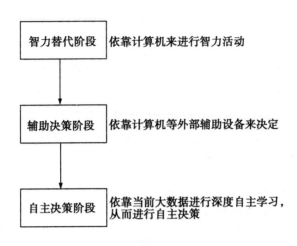

图 6.4　大数据决策阶段的划分

第一个决策阶段是智力替代阶段,在该阶段,人类依靠计算机来进行智力活动,从而实现一些目的。例如,用计算器代替传统的笔和纸来进行复杂的数学推导演算,用高性能计算机建模来代替传统的手工建模。

第二个决策阶段是辅助决策阶段,在该阶段,人类的决策活动可以通过计算机等外部辅助设备来决定。虽然人类也可以脱离计算机独立进行决策,但是受诸多自身与非自身因素的影响,决策的质量可能达不到预期。例如,气象预报员利用自己的气象知识预测台风到达的时间时,由于台风具有发生周期较长、后期情况随机性高的特点,因此预测结果往往并不理想。如果可以借鉴计算机或气象站所收集的诸多短期内的气象情报,再结合当前环境,通过计算机等外部辅助设备进行合理的分析,预测结果的准确度就会大大提高。

第三个决策阶段是大数据的自主决策阶段,在该阶段,通过对大数据进行深度分析、自主学习,机器可以在不受人工控制的情况下自主进行决策。当然,以现在人工智能的发展水平,依靠大数据进行自主决策还远没有达到预期的效果。

一般而言,自主决策存在一定的不确定性,原因通常有以下三个方面:第一个是决策信息的不完整、不确定,这是因为大数据具有分布广、关系复杂等特点,多数企业即便借助先进的数据收集手段尽力将各种信源数据进行整合,仍难以保证信息的全面性和完整性;同时,大数据的分布存在随时间变化的不确定性,大数据中普遍存在的噪声与数据缺失现象也导致了大数据的不完备、不精确。第二个是对决策信息的分析能力不足,这是因为现有的大数据分析处理技术在分析能力方面还存在着明显的不足,诸如多源异构数据融合分析、不确定性知识发现及大数据关联分析等方面仍是目前大数据决策面临的一些挑战。第三个是决策问题太过复杂而难以建模,这是因为在一些非稳态、强耦合的系统环境下,建立精确的动态决策模型往往异常困难,比如流程工业中的操作优化决策。现阶段面向大数据的决策问题求解,人们通常使用满意近似解代替精确解,以此保证问题求解的经济性和高效性。这种近似求解方式实际上也反映了大数据决策的不确定性特征。

未来大数据决策的一个重要突破口就是实现自主决策,自主决策是大数据和人工智能相互交融的产物。通过业务分析程序内置的稳定便捷的功能,使用者可以快速筛选出大量数据,并将这些数据更好地应用于各领域。自主决策是高效发挥大数据技术优势的关键环节,只有自主决策的应用这一瓶颈被突破了,大数据所带来的生产效率提升才会有根本性的体现。但自主决策的实现难度较高。要想实现自主决策,同时提高自主决策的可用性与成功率,不仅需要采用新技术,而且要联合采用已有的成熟技术方案,这是提高决策可用性的一个重要思路。

6.2.5 大数据在治理体系中的应用与发展

中共中央、国务院在2020年5月11日发布的《关于新时代加快完善社会主义市场经济体制的意见》中提出,要加快培育发展数据要素市场,建立数据资源清单管理机制,完善数据权属界定、开放共享、交易流通等标准和措施,发挥社会数据资源价值。推进数字政府建设,加强数据有序共享,依法保护个人信息。大数据治理体系建设已经成为大数据发展的重点,但仍处在发展的雏形阶段,推进大数据治理体系建设将是未来较长一段时间内需要持续努力的方向[5]。

随着大数据作为战略资源的地位日渐提升，人们越来越强烈地意识到现代化的数据治理体系尚未形成，这已成为未来大数据领域发展的最大阻碍之一。例如，关于数据资产地位的确立，目前尚未达成一致意见；数据的确权、流通和管控面临多重挑战；数据壁垒广泛存在，阻碍了数据的共享和开放；相关法律法规发展滞后，导致大数据应用存在安全与隐私泄露的风险；等等。诸多因素制约了数据资源中所蕴含价值的挖掘与转化。

目前，隐私、安全与共享问题在大数据治理体系中表现得尤其突出。隐私作为公共安全的一部分，将是未来大数据中最大的挑战与隐患。如果治理体系不能完整建立且不能采取有效的措施，那么我们将看到一系列先进的大数据技术成为过去。不断增长的数据量为计算机免受网络攻击带来了额外的挑战，因为数据保护级别无法跟上数据增长的速度。相较于开放需求十分紧迫的传统数据共享行为，隐私数据的共享尤为敏感。近年来，大数据在敏感和非敏感数据方面出了不少问题，主要涉及敏感和非敏感数据分析、数据挖掘和数据整合等。大型跨国企业对于用户数据一般有较好的保护，且在安全的前提下进行部分信息共享；但是实力较弱的公司通常依靠自身能力与技术去寻找、挖掘资源，处理和整合资源的能力参差不齐，数据安全性往往达不到基本要求。

不规范的数据流通行为通常会在隐私和安全等方面存在隐患，这种隐患需要相关部门制定合理的规章制度来消除。未来基于《中华人民共和国网络安全法》《数据安全管理办法（试行）》等所簇生的相关法律法规和政策文件会对个人数据管理、隐私信息保护和行业数据安全等提供有力的保障，为未来大数据治理体系的规范化打下坚实的基础。

公共数据治理体系的基本框架要以数据效率、数据公平和数据安全等为基本原则[6]。首先，数据治理体系要注重效率问题，让数据为经济发展、社会治理和民生服务做出突出贡献；其次，数据治理体系要注重公平问题，维护公民的个人合法权益；最后，数据治理体系要注重安全问题，让人们树立数据安全意识,加大对危害数据安全行为的惩戒。

对于未来的大数据治理体系,首先我们应该确定数据的治理目标,然后对管理领域、过程领域、治理领域、技术领域、价值领域存在的问题逐一击破。管理领域的工作主要是确定发展战略、搭建组织结构、制定规章制度、明确行为规范。其中,发展战略和搭建组织结构属于管理层面的问题,而规章制度与行为规范则重点明确当前数据的标准、数据的维护流程等。

过程领域、治理领域和技术领域是我们实现大数据风险可控目标的重要突破点。在数据治理的过程中,我们要完成合理设计治理方法、有效分析数据结构、认真执行数据治理过程和评估最终治理结果四个步骤。当然,在这个过程中不可避免地会出现一些问题。例如,从前端事务到后端事务的过程中由人为或非人为原因导致的主数据重复、不完整且不精确等情况的发生。我们能做的就是严格控制治理过程,尽力避免安全问题的发生。对于治理领域,我们首先要明确数据治理的范围是什么。数据治理分为主数据治理、业务数据治理和分析指标数据治理三个方面。主数据治理是业务数据治理和分析数据治理的前提,为业务系统和分析系统提供基础数据服务。主数据和业务数据支持企业的业务流程,是企业实现智能化的基础。为了确保企业能够进行跨业务领域、跨职能部门、跨信息系统的业务合作和整体分析,需要处理主数据、业务数据和分析数据,以确保其一致性,提高数据质量和安全水平。数据治理的目标是通过对数据资产的合理规划和有效管控,持续为社会创造价值。价值领域通过对治理结果的有效整理,构建具体的数据产品,实现价值创造。

数据治理的价值体系可总结为数据服务、数据流通和数据洞察三个方面。数据服务是通过数据采集、数据传输、数据存储、数据处理、数据交换、数据销毁等手段,提升数据整体的质量,确保数据的准确性和同一性,这部分体现着主数据治理的关键价值。数据流通通过实现信息整合和分发机制,支持数据跨业务、跨部门和跨系统的信息流转,这部分体现着业务数据治理的关键价值。数据洞察是为了帮助数据行业相关人员更好地使用数据、理解数据，它通过消除数据内部存在的数据质量较低的问题，明确数据之间存在的关联关系，最终实现数据洞察，这部分体现着分析数据治理的关键价值。

6.3　得数据者得未来

随着计算机应用的日益广泛和深入以及信息技术的高度发展，网络逐渐成为人们生活中的必需品，而大数据是在互联网技术快速发展的背景下催生的产物。

在大数据时代，数据是一种宝贵的资源。随着大数据技术的不断发展和落地应用，数据的价值正在不断得到体现和提升，所以未来大数据很有可能会构建出一个非常庞大的价值空间，而这个价值空间的重要价值载体就是数据。从这个角度来看，未来数据的价值会越来越高，数据也将成为一种重要的资源。与传统的石油等资源不同，大数据资源不仅再生能力非常强，基于大数据的行业创新能力也非常强，这是当前大数据获得广泛关注的一个重要原因。如果说石油驱动了工业化时代的发展，那么大数据将驱动信息化和智能化时代的发展。物联网平台、多终端社交网络、家庭信息化网络平台、电子商务平台等是现代信息技术的应用新形态，这些新时代的技术成果将推动大数据技术进一步发展。云计算可以为这些海量、多元化的大数据资源提供便捷的存储和计算平台。通过对不同来源的数据进行多方面管理、处理、分析与优化，并将结果反馈到上述应用中，未来将创造出巨大的经济和社会价值。

从目前来看，工业大数据未来有很大的应用潜力，但对其价值的挖掘还有很长的路要走。未来工业互联网的发展将推动传统工业制造向数字化、网络化、自动化和智能化的方向转变。工业大数据作为其中重要的数据资源，将为未来工业的发展提供重要支撑，并助力构建资源丰富的工业环境，推动形成全新的工业生态。

作为当今最热门的技术趋势之一，机器学习也将在大数据的未来发展中发挥重要作用。机器学习将处于大数据革命的前沿。基于机器学习的大数据应用将帮助多种产业收集所需的数据信息,并提供有效的预测性分析,以便企业能够在未来面临挑战时得心应手地进行处理。大数据是人工智能的基础,人工智能促进了大数据的发展,大数据和人工智能共同形成了一种新的技术生态。场景数据的积累可以促进人工智能技术的应用,从而形成更高效、更完善、更合理的解决方案。

目前大数据自主决策技术依然处在落地应用的初期,还远未达到人们的预期状态。未来,相信随着大数据技术与行业领域的结合逐渐紧密,大数据在决策方面所能发挥出的作用也将越来越大。在不久的将来,随着大数据自主决策水平的不断提高,大部分仅依靠人类自身判断力的领域应用,最后都可能被计算机的大数据分析和数据挖掘等功能改变甚至取代。一组合适的信息,可能会在一定程度上促使创新迈进一大步;一组毫不起眼的数据,也可能在一定程度上得到数据行业工作者想象不到的应用,甚至可能在不同于这个行业领域甚至是没有关系的行业领域得到应用。

一个完善的大数据治理体系将会在未来从理论变为现实,从概念转向研究。未来大数据治理体系将围绕着对数据的利用、开发等进行深入的探索。中国作为全球数字经济的有力领导者,应对大数据治理体系进行更深入的前瞻性研究,以探索形成具有中国特色的大数据治理体系。

目前,我们才刚刚打开探索大数据世界的大门,对于大数据技术也仅仅刚按下启动按钮,未来大数据技术必将随着互联网的发展而进一步发展,而最终的数据获得者也将成为大数据世界中的成功实践者。正如一朵蒲公英被风吹散开而四处生根发芽一样,每一个实践者都如同被吹到远方的种子,在数据的世界里生根发芽。数据驱动创新,创新驱动发展,数据对未来社会文明、科技变革有着深刻的影响力,这种影响力对于国家和个人来说都是一种机遇。让我们拥抱数据,探索数据,共同展望未来。

参考文献

[1]闫树.大数据:发展现状与未来趋势[J].中国经济报告,2020(1):

38-53.

　　[2]中国信息通信研究院. 大数据白皮书[R/OL]. (2020-12-28)
[2021-11-25]. http://www.caict.ac.cn/kxyj/qwfb/bps/202012/t20201228_
367162.htm.

　　[3]陈军君, 吴红星, 端木凌. 中国大数据应用发展报告[M]. 北京:
社会科学文献出版社, 2019.

　　[4]梅宏. 大数据发展与数字经济[J]. 中国工业和信息化, 2021(5):
60-66.

　　[5]梅宏. 大数据发展现状与未来趋势[J]. 交通运输研究, 2019,
5(5):1-11.

　　[6]赵刚. 数据要素:全球经济社会发展的新动力[M]. 北京:人民
邮电出版社, 2021.